WOOTTON

DÜSENJÄGER UND -BOMBER

TIME
LIFE
BÜCHER

Dieser Band gehört zu einer Serie, die der Wissenschaft und dem Abenteuer der Luftfahrt – vom ersten bemannten Ballonflug bis zum Jetzeitalter – gewidmet ist.

DIE GESCHICHTE DER LUFTFAHRT

DÜSENJÄGER UND -BOMBER

von Bryce Walker

UND DER REDAKTION DER TIME-LIFE BÜCHER

TIME-LIFE BÜCHER, AMSTERDAM

DIE GESCHICHTE DER LUFTFAHRT

Chefredakteur: Dale M. Brown
Designer: Van W. Carney
Chef der Dokumentation: W. Mark Hamilton

Redaktionsstab des Bandes
Düsenjäger und -bomber:
Bildredakteur: Robin Richman
Textredakteure: Lee Hassig, Ellen Phillips
Vertragsautoren: Kevin D. Armstrong, Deborah Berger-Turnbull, Rachel Cox, Glenn Martin McNett, Robert Menaker
Dokumentation: LaVerle Berry, Roxie France, Anne Munoz-Furlong, B. Jean Strong
Assistentin des Designers: Anne K. DuVivier
Textkoordination: Stephen G. Hyslop, Anthony K. Pordes
Bildkoordination: Renée DeSandies
Redaktionsassistentin: Constance B. Strawbridge

Leitung der deutschen Redaktion:
Hans Heinrich Wellmann
Textredaktion: Dr. Heike Renwrantz

Fachberater für die deutsche Ausgabe:
Dr. Albrecht Lampe

Aus dem Englischen übertragen von Alžbeta Lettowsky

Korrespondenten: Elisabeth Kraemer (Bonn); Margot Hapgood, Dorothy Bacon (London); Miriam Hsia, Lucy T. Voulgaris (New York); Maria Vincenza Aloisi, Josephine du Brusle (Paris); Ann Natanson (Rom). Wertvolle Hilfe leisteten außerdem: Martin Levin (Jerusalem); Robert Wurmstedt (Kairo); Felix Rosenthal (Moskau); Christina Lieberman, Cornelis Verwaal (New York).

ISBN 9-06-182-597-0

DER AUTOR

Bryce Walker, früher Mitglied des Redaktionsstabes der Time-Life Bücher, schrieb *Düsenjäger und -bomber* in enger Zusammenarbeit mit Historikern der amerikanischen Luftwaffe, technischen Fachberatern und Jagdfliegern. Während seines Korea-Einsatzes im Jahre 1960 verfaßte er für *Stars and Stripes* Militärartikel. Die Verhandlungen in Panmunjom beobachtete er als Reporter. Für Time-Life Bücher hat Bryce Walker *Die Rocky Mountains, Die Armada* und *Erdbeben* geschrieben.

DIE BERATER für Düsenjäger und -bomber

Walter J. Boyne ist Direktor des National Air and Space Museum in Washington, D.C. Er trat 1951 in die amerikanische Luftwaffe ein, aus der er 1974 im Rang eines Oberst mit über 5000 Flugstunden auf verschiedenen Mustern, darunter B-50, B-47 und B-52, ausschied. Zu seinen kürzlich veröffentlichten Werken zählt *Boeing B-52: A Documentary History.*

Donald S. Lopez ist Leiter der Luftfahrt-Abteilung des National Air and Space Museum. Nach einem luftfahrttechnischen Studium am California Institute of Technology diente er bis 1964 in der amerikanischen Luftwaffe. Anschließend arbeitete er acht Jahre lang an Apollo-Saturn- und Skylab-Projekten mit, bevor er im Jahre 1972 zur Smithsonian Institution ging.

VORSATZBLATT

Während des unerklärten israelisch-syrischen Krieges vom Juni 1982 stoßen Düsenkampfflugzeuge beider Seiten hoch über der libanesischen Bekaa-Ebene aufeinander. Drei von den Vereinigten Staaten gelieferte F-15-Jäger der israelischen Luftwaffe im Vordergrund fliegen Höhendeckung für zwei israelische Kfir-Jagdbomber, die weiter unten zum Angriff auf Boden-Luft-Raketen-Stellungen anfliegen. Zwei Batterien sind bereits getroffen und stehen in Flammen. In der Ferne stürzen drei syrische MiGs, von israelischen Luft-Luft-Raketen getroffen, brennend ab. Die dramatische Szene wurde von dem bekannten britischen Künstler Frank Wootton in Öl gemalt.

INHALT

Eine neue Dimension im Luftkrieg

Am 27. August 1939 – genau vier Tage vor Ausbruch des Zweiten Weltkriegs – startete auf dem Werksflugplatz des deutschen Flugzeugherstellers Heinkel in Rostock-Marienehe ein schlankes, unkonventionelles Versuchsflugzeug zu seinem ersten erfolgreichen Flug. Es trug die Bezeichnung He 178 und war das erste Flugzeug mit Turbinenantrieb. Dieses – damals allerdings kaum beachtete – Ereignis markierte den Anbruch einer neuen Ära in der Geschichte des Luftkrieges.

Diese umwälzende Entwicklung war im wesentlichen zwei Männern zu verdanken, dem Engländer Frank Whittle und dem Deutschen Hans-Joachim Pabst von Ohain. Beide arbeiteten an radikal neuen Theorien über den Antrieb von Flugzeugen, die anfangs auf wenig Interesse stießen, infolge des Kriegsverlaufs aber wieder aufgegriffen wurden. 1944 kam in Deutschland, das durch die alliierte Bomberoffensive in äußerste Bedrängnis geraten war, mit der Messerschmitt Me 262 *(rechts)* ein hervorragender Strahljäger zum Einsatz. Bevor der Krieg endete, entwikkelten und flogen auch Großbritannien, die Vereinigten Staaten und Japan ihre eigenen strahlgetriebenen Jagdflugzeuge.

Wenngleich die ersten Düsenjäger den Ausgang des Krieges nicht mehr beeinflussen konnten, so schuf ihre Entwicklung doch die Grundlage für zukünftige Generationen strahlgetriebener Militärflugzeuge, denen bei bewaffneten Auseinandersetzungen entscheidende Bedeutung zukommen sollte. Die erregenden Szenen auf diesen und den folgenden Seiten, von bekannten Künstlern geschaffen, stellen Höhepunkte der 40jährigen Entwicklungsgeschichte dieser neuen, tödlichen Waffe dar.

Bei seinem letzten Kampfeinsatz im April 1945 wird der Jäger, das Flieger-As der deutschen Luftwaffe Generalleutnant Adolf Galland, zum Gejagten. Der britische Künstler Frank Wootton malte die Me 262, die beim Angriff auf einen alliierten Bomberverband über Deutschland von amerikanischen P-47-Jägern überrascht und von Geschossen durchsiebt wird. Galland wurde bei dieser dramatischen Aktion leicht verwundet.

Eine Yak-15 der nordkoreanischen Luftwaffe stürzt brennend ab, getroffen von Major William Stratton, dem Piloten des F3D-Allwetter-Abfangjägers des amerikanischen Marinekorps. Es war der erste Luftsieg eines mit Radar ausgerüsteten amerikanischen Düsen-Jets über einen gegnerischen Strahljäger. Der amerikanische Künstler R. G. Smith malte die Szene, die sich in der Nacht des 3. November 1952 abspielte.

Amerikanische Marineflieger donnern mit A-4-Kampfflugzeugen über den Flugzeugträger „Enterprise“ hinweg, der vor der Küste Nordvietnams operiert. Der Träger gehörte zum Kampfverband 77, einem Teil der amerikanischen Siebten Pazifikflotte. Das Bild stammt von R.G. Smith.

Bei einem dramatischen Luftkampf zwischen einer nordvietnamesischen MiG-17 und einer F-4 Phantom der amerikanischen Marine zieht der kommunistische Jäger den kürzeren. Das Duell, das am 24. April 1967 stattfand, wurde von R. G. Smith nach dem Bericht des amerikanischen Piloten, Fregattenkapitän Denny Wisely, ins Bild gesetzt.

Bei einer kombinierten Einsatzübung in der Sowjetunion fliegen Jäger vom Typ MiG-27 taktische Luftunterstützung für die sowjetischen Panzer. Im Einsatz als Erdkampfflugzeuge sind die MiGs mit einer 23-mm-Revolverkanone, Luft-Luft-Raketen mit Infrarot-Zielsuchköpfen vom Typ Atoll und je einer 250-Kilo-Splitterbombe unter den Tragflächen bewaffnet. Das Bild stammt von dem amerikanischen Maler William Phillips.

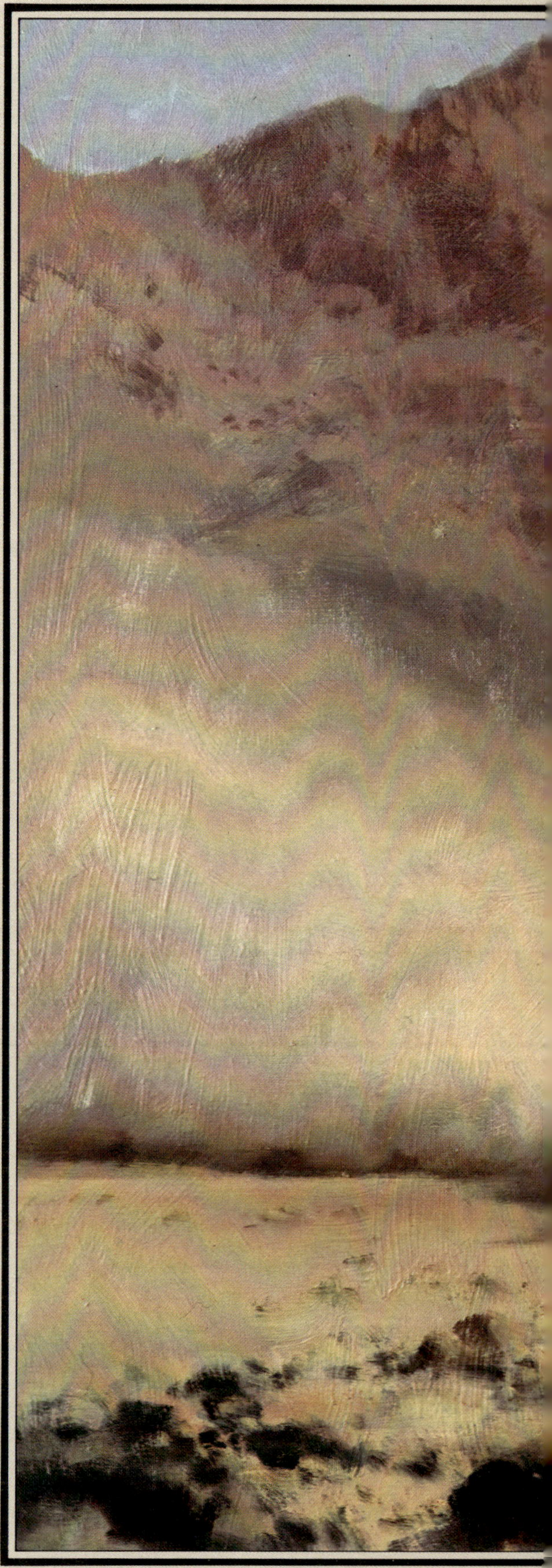

Eine von British Aerospace entwickelte und gebaute Harrier, das erste Kampfflugzeug mit gesteuerter Schubveränderung für Senkrechtstarts und -landungen, hebt aus einer gut getarnten Bereitstellung gefechtsklar vom Boden ab. Mit seiner Darstellung kam es Frank Wootton darauf an, die vielfältigen Einsatzmöglichkeiten der Harrier in praktisch jeder Art von Gelände zu zeigen.

Die Betankung der F-15 Eagle durch einen KC-10-Tanker der amerikanischen Luftwaffe, von R. G. Smith aus der Perspektive des Rottenfliegers gemalt, findet in 9000 Meter Höhe statt. Die Luftbetankung ermöglicht es amerikanischen Düsenjägern, ohne Zwischenlandung innerhalb von Stunden jeden Krisenherd der Welt zu erreichen.

1

Der deutsche Wundervogel

Besseres Wetter als Hauptmann A. E. Wall von der britischen Luftwaffe es hatte, als er seine zweimotorige de Havilland Mosquito in fast 9000 Meter Höhe auf schnurgeradem Kurs über die sauber parzellierte Landschaft Süddeutschlands steuerte, hätte sich ein hochfliegender Aufklärer gar nicht wünschen können. Seine automatisch auslösenden Kameras würden selbst die kleinste Einzelheit am Boden für die spätere Auswertung in England festhalten. Über den bayerischen Alpen im Süden bauten sich kräftige Kumuluswolken auf. ‚Auch gut', dachte Wall; für den Fall, daß deutsche Abfangjäger auftauchten, würden sie ihm die nötige Deckungsmöglichkeit bieten.

Dieser Fall schien jedoch äußerst unwahrscheinlich. Seit er in England gestartet war, hatte Wall fast 1000 Flugkilometer zurückgelegt, ohne auch nur das geringste von der einst so mächtigen deutschen Luftwaffe zu sehen. Es war der 25. Juli 1944, ein Jahr vor Kriegsende, und Hitlers Truppen befanden sich überall auf dem Rückzug. Im Westen rollte unter dem Kommando von General Dwight D. Eisenhower eine gewaltige Invasionsstreitmacht durch Frankreich heran, und im Osten gewann die Rote Armee ständig an Boden. Ein unaufhörlicher Strom alliierter Bomber – bei Tag amerikanische Liberators und Flying Fortresses, bei Nacht britische Lancasters und Halifaxes – legte Deutschlands Städte und Fabriken systematisch in Schutt und Asche. Die alliierten Jäger hatten die Luftwaffe praktisch vom deutschen Himmel vertrieben.

Kurz vor München rief der Navigator plötzlich eine rauhe Warnung ins Mikrophon: „Achtung, Feindflugzeug 400 Meter von hinten." Der Navigator konnte die Maschine, die wie aus dem Nichts aufgetaucht zu sein schien und schnell zu der Mosquito aufschloß, nicht identifizieren. Kurz entschlossen drückte Wall an und schob die Gashebel nach vorn, um mit voller Leistung im flachen Sinkflug zu entkommen.

Die Aufklärer-Version des Mosquito-Jagdbombers, die aus Gründen der Gewichtsersparnis unbewaffnet war, gehörte zu den schnellsten Flugzeugen der Alliierten. Im Sinken und mit voller Motorenleistung erreichte sie jetzt über 600 Stundenkilometer und wurde immer noch schneller. Eigentlich hätte Wall mit seiner Mosquito in der Lage sein müssen, jedem deutschen Jäger davonzufliegen. Aber nicht diesem. Die gegnerische Maschine schoß heran wie ein Blitz, schneller als irgend etwas, das Wall je fliegen gesehen hatte. Sie raste über ihn hinweg, kurvte eng ein und hing wenige Sekunden später wieder hinter ihm.

Wall riß die wendige Mosquito steil nach links, dann wieder geradeaus. Doch das Ausweichmanöver mißglückte. Hinter sich hörte er das dumpfe

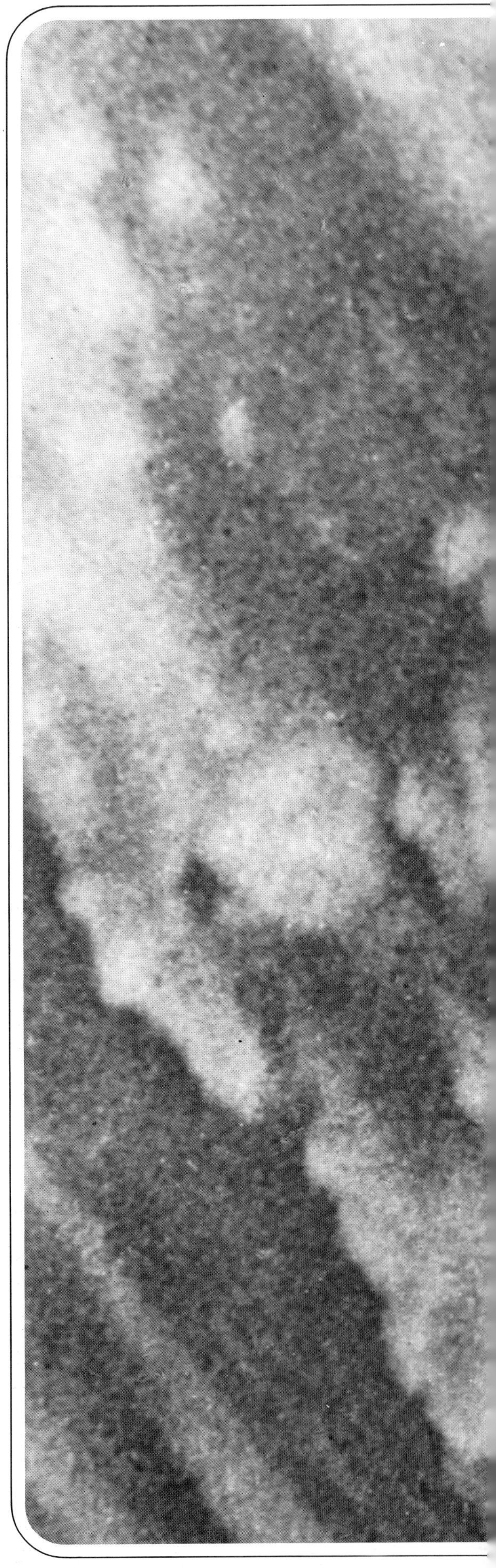

Dunkel zeichnet sich die Silhouette einer Me 262 ab, die in einen Luftkampf mit einer amerikanischen P-51 Mustang verwickelt ist. Die Aufnahme stammt aus der Zielkamera einer anderen P-51, die den deutschen Jäger abschoß.

Knattern der Bordkanonen. Kein Treffer. In höchster Not versuchte Wall, in einer hochgezogenen Kehrtkurve wieder Höhe zu gewinnen – und hatte seinen Verfolger plötzlich abgeschüttelt. Der Deutsche war einfach zu schnell, um dem Manöver zu folgen, und jagte an ihm vorbei ins Blaue.

Der RAF-Pilot flog nach Süden, um in den Wolken Deckung zu suchen, aber der gegnerische Jäger war schneller. Er kam in einem weiten Bogen zurück und schloß erneut von hinten auf. Aus 800 Meter Entfernung eröffnete er das Feuer. Die Distanz war jedoch zu groß, und die Schüsse gingen ins Leere. Wall versuchte, seinen Angreifer durch scharfes Kurven abzuschütteln. Viermal flog der Deutsche mit schier unbegreiflicher Geschwindigkeit an, und jedesmal wich der Brite mit abrupten Manövern aus. Einmal, als beide Maschinen in einer steilen Sinkspirale hintereinanderhingen, gelang es Wall sogar, hinter den Deutschen zu kommen. Wenn er bewaffnet gewesen wäre, hätte er vielleicht als Sieger aus dem Zweikampf hervorgehen können.

Fast 15 Minuten dauerte der mörderische Tanz. Dann erreichte Wall endlich die rettenden Wolken über den Alpen. Der Deutsche hing noch immer ganz dicht hinter ihm, als Wall wild kurvend in ihnen verschwand. Als er drei oder vier Minuten später wieder herauskam, war von seinem Verfolger keine Spur mehr zu sehen.

Es hätte nicht viel gefehlt, und Wall wäre ein Opfer des schnellsten Kampfflugzeugs geworden, das bis dahin gebaut worden war – der Messerschmitt Me 262. Der einsitzige Jäger hatte einen schlanken, unten abgeflachten Rumpf, der dem Körper eines Hais ähnelte. Alliierte Bomber waren es, die die Me 262 jagen sollte. Zu diesem Zweck war sie mit vier eingebauten 30-mm-Kanonen ausgerüstet, den größtkalibrigen Bordwaffen, die je ein deutsches Jagdflugzeug trug. Voll bewaffnet erreichte sie in 7000 Meter Höhe im Horizontalflug 870 Stundenkilometer – volle 110 Stundenkilometer mehr als die letzte Version der amerikanischen P-47 Thunderbolt, das schnellste Jagdflugzeug der Alliierten. Das Geheimnis ihrer Geschwindigkeit hing unter den gepfeilten Tragflächen der Me 262 – zwei zigarrenförmige Strahlturbinen des Typs Junkers Jumo-004B, die rund 1800 Kilopond Schub im Stand erzeugten.

Die Jumo 004B war die erste in Serie gebaute Strahlturbine. Der Kolbenmotor hatte die Grenzen seiner Entwicklungsfähigkeit erreicht; weitere Leistungen waren nur durch zusätzliches Gewicht und kompliziertere Bauweise zu erreichen. Bestrebungen in dieser Richtung waren von vornherein zum Scheitern verurteilt – nicht nur, weil jedes weitere Kilogramm zugleich Leistung verschlang, sondern auch wegen der aerodynamischen Grenzen, die der Luftschraube gesetzt sind. Eine Erhöhung der Fluggeschwindigkeit macht eine Steigerung der Propellergeschwindigkeit notwendig. Doch je schneller sich die Luftschraube dreht, desto näher kommen ihre Blattenden der Schallgeschwindigkeit. Dabei entstehen Verwirbelungen, die die Vortriebsleistung des Propellers verringern.

Die Jumo 004B kannte solche Probleme nicht. Verglichen mit Kolbenmotoren sind Strahlturbinen recht unkompliziert. Die Leistung, die sie erzeugen, ist, an Größe und Gewicht gemessen, geradezu gewaltig. Die Turbinen haben einen kleineren Durchmesser als Propeller und laufen mit Tausenden von Umdrehungen in der Minute. Die Schaufelspitzen, die einen kürzeren Weg zurückzulegen haben, kommen nicht an die Schallgeschwindigkeit heran. Der einzige Nachteil der Jumo 004B – und der anderen frühen Strahlturbinen – war hoher Kraftstoffverbrauch: Er lag in geringen Höhen oft drei- bis viermal so hoch wie beim Kolbenmotor.

Mit ihren zwei leistungsstarken Strahlturbinen leitete die Me 262 eine neue Ära in der Geschichte der Luftfahrt ein. Die Maschine kam zwar zu spät, um den Kriegsverlauf zugunsten Deutschlands zu wenden. Aber sie demonstrierte einer erstaunten Welt, was ein Düsenjäger zu leisten imstande war. Nach dem Zusammenbruch Deutschlands und Japans beeilten sich andere Länder, ihre Luftwaffen mit eigenen Versionen dieser neuen Waffe auszurüsten. Der Wettlauf um die Entwicklung immer schnellerer Jets begann. In den Kriegen, die in der Folgezeit ausbrachen – Korea, Vietnam, den arabisch-israelischen Auseinandersetzungen –, erhielten immer kampftüchtigere, auf noch effektivere Weise den Tod bringende Flugzeuge Gelegenheit, sich zu bewähren. 1953 gab es Düsenjäger, die im Horizontalflug Überschallgeschwindigkeit erreichten. Nach und nach steigerte sich die Tragfähigkeit. Während des Kalten Krieges der fünfziger Jahre rüsteten die Vereinigten Staaten einen Bombergiganten mit acht Strahltriebwerken aus. Es war die B-52, die ihren Vorgängern des Zweiten Weltkriegs nicht nur an Geschwindigkeit und Reichweite überlegen war, sondern sie auch in bezug auf die Bombenlast, die sie mitführen konnte, weit in den Schatten stellte. Der B-52 folgten weitere, noch furchtbarere Bomber – in den Vereinigten Staaten wie in der Sowjetunion.

Die Fortschritte in der Jet-Technologie waren nicht mehr aufzuhalten. Jagdflieger steuerten Maschinen, die über geradezu unheimliche Eigenschaften verfügten. Dazu gehörten das automatische Umfliegen von Hindernissen und Leistungsreserven, die es ihnen ermöglichten, im senkrechten Steigflug wie Raketen auf Überschallgeschwindigkeit zu beschleunigen, und die Waffen, die sie trugen – oder deren Opfer sie wurden –, waren zum Teil so tödlich, daß sie einen Gegner vom Himmel holten, ehe er überhaupt erkannt hatte, daß er sich in Gefahr befand.

Angekündigt hatte sich die Jet-Revolution bereits zehn Jahre ehe die erste Me 262 von einer Startbahn in Süddeutschland abhob. Anfang der dreißiger Jahre hatten vorausschauende Techniker sich mit der Idee befaßt, den heißen Abgasstrom einer Gasturbine zum Antrieb von Flugzeugen zu nutzen. Die Vorteile waren unübersehbar, desgleichen allerdings auch die Schwierigkeiten. Ein derartiger Antrieb sei gewichtsmäßig untrag-

Ein Prototyp der He 280, des ersten Experimental-Düsenjägers der Welt, steigt bei einem Erprobungsflug auf seine geschätzte Gipfelhöhe von 11 000 Metern. Obwohl eine der acht Versionen der He 280, die Heinkel baute, eine Geschwindigkeit von 928 Stundenkilometern erreichte, stoppte das Reichsluftfahrtministerium die Entwicklung zugunsten der schwerer bewaffneten Me 262.

bar für ein Flugzeug, meinten die Skeptiker. Sein Kraftstoffverbrauch widerspräche allen Gesetzen der Wirtschaftlichkeit. Außerdem fehlten vorläufig die technologischen Voraussetzungen, um die Sicherheit zu gewährleisten. Im Innern der Brennkammer, so glaubte man, würde sich eine derartige Hitze entwickeln, daß die Turbinenschaufeln ausglühten und schließlich zu Bruch gehen müßten. In einigen wenigen kleinen Werkstätten in Deutschland, Italien und England gab es jedoch junge Ingenieure, die es besser zu wissen glaubten und Versuchsmodelle von Strahlantrieben zu bauen begannen.

Zu den ersten, die ihre Idee in die Tat umsetzten, gehörte ein junger Offizier der britischen Luftwaffe, Frank Whittle, der an der Universität von Cambridge ein Ingenieurstudium mit Auszeichnung abgeschlossen hatte. Mit der Summe von nur 2000 Pfund, die er sich geliehen hatte, und der halbherzigen Genehmigung seiner Vorgesetzten in der RAF machte er sich an den Bau eines Versuchstriebwerks. Die Arbeit ging nur zögernd voran; sämtliche Befürchtungen der Fachleute schienen sich zu bestätigen. Whittles erstes Modell lief so unrund, daß es auf dem Prüfstand zu zerbersten drohte. Dreieinhalb Jahre vergingen, bevor er ein funktionsfähiges Triebwerk vorweisen konnte, das allerdings weit davon entfernt war, genügend Leistung für den Antrieb eines Flugzeugs zu erzeugen.

Mehr Glück hatte ein anderer hervorragender junger Ingenieur in Deutschland, Dr. Hans-Joachim Pabst von Ohain. Auf Drängen seines ehemaligen Professors hatte sich Pabst von Ohain an Ernst Heinkel gewandt, einen der experimentierfreudigsten Flugzeugkonstrukteure Deutschlands, und ihm von seinen Plänen, eine Versuchsstrahlturbine zu bauen, berichtet. Heinkel hörte den Ausführungen des jungen Mannes aufmerksam zu. Dann ließ er seine führenden Ingenieure kommen, um die Idee zu begutachten. Im April 1936 arbeitete Pabst von Ohain unter strengster Geheimhaltung in einer abgelegenen Halle, die im Heinkel-Werk in Warnemünde an der Ostsee eingerichtet worden war. Innerhalb eines Jahres konstruierte er ein funktionierendes Aggregat.

Im Reichsluftfahrtministerium, das seit 1933 die Luftwaffe aufbaute, wußte man von Pabst von Ohains Arbeit. Überzeugt von der Bedeutung des Projekts, taten die maßgebenden Männer 1938 einen folgenschweren Schritt: Sie forderten mehrere führende deutsche Motorenhersteller – unter ihnen Junkers und die Bayerischen Motoren Werke (BMW) – auf, eigene Luftstrahlturbinen zu entwickeln. Mit dem Auftrag, ein Jagdflugzeug, das den neuen Antrieb erhalten sollte, zu bauen, wandte sich das Reichsluftfahrtministerium an zwei der besten deutschen Flugzeugkonstrukteure. Einer war Heinkel, von dem bekannt war, daß er bereits ein Versuchsflugzeug zur Erprobung des Ohainschen Triebwerks baute. Der andere war Heinkels Erzrivale Willy Messerschmitt, der geniale Konstrukteur der Me 109. In den Folgejahren sollten diese beiden Männer versuchen, sich gegenseitig auszustechen und den ersten einsatzfähigen Strahljäger in die Luft zu bringen, wobei ihnen nicht nur große technische Schwierigkeiten Kopfzerbrechen machten, sondern auch die Haltung offizieller Stellen, die zwischen Einmischung und Desinteresse schwankte.

Im Sommer 1939 hatte Pabst von Ohain sein Triebwerk so weit fertig, daß die Flugerprobung stattfinden konnte. Heinkel hatte inzwischen das entsprechende Flugzeug gebaut, die He 178. Am 27. August 1939 rollte die He 178, von der Ohainschen Strahlturbine angetrieben, die Startbahn entlang, hob ab und kehrte nach einer Platzrunde zur Erde zurück. Der Traum vom Strahlantrieb war Realität geworden.

Erstaunlicherweise schien diese Tatsache kaum Aufsehen zu erregen. Genau fünf Tage nach dem Erstflug der He 178 stieß Hitlers Wehrmacht

Während der Planungsphase der Me 262 berät sich Reichsmarschall Hermann Göring (Mitte) im Februar 1941 mit dem Flugzeugkonstrukteur Willy Messerschmitt. Zu Görings Rechten steht der Generalluftzeugmeister der Luftwaffe Ernst Udet, ein äußerst einflußreicher Förderer Willy Messerschmitts und seiner früheren Flugzeugmuster.

über die Grenzen Polens vor und löste den furchtbarsten Krieg der Geschichte aus. Die Erfolgsberichte des Blitzkriegs ließen Heinkels Pioniertat in den Hintergrund treten. Außerdem bewies die Luftwaffe, die den Vorstoß der Bodentruppen vorbereitete und deckte, daß sie mit annähernd 1400 propellergetriebenen Jägern sowie leichten und mittleren Bombern imstande war, den polnischen Luftraum schnell und total zu erobern. Der Sieg war unausbleiblich; Polen brach innerhalb eines Monats zusammen. Was sollte Deutschland, das bereits über eine derartige Luftmacht verfügte, mit einem propellerlosen Flugzeug, dessen Nutzen noch keiner kannte? Zwei Monate später ließ sich der Generalluftzeugmeister Ernst Udet zur Flugbesichtigung des neuen Heinkel-Jets überreden. Während die Maschine zeigte, was sie konnte, blieb Udet skeptisch.

Daß die Luftwaffe kein Interesse zeigte, lag unter anderem an einem offensichtlichen Mangel der He 178. Das Heinkel-Strahlflugzeug erreichte zwar immerhin 700 Stundenkilometer, doch Pabst von Ohains Antrieb erwies sich als übermäßig durstig. Die Maschine konnte nicht länger als zehn Minuten in der Luft bleiben. Daran ließ sich mit der Zeit etwas ändern, aber Udet interessierte nur das Hier und Heute.

Nichtsdestoweniger gingen die Arbeiten an den beiden vom Reichsluftfahrtministerium in Auftrag gegebenen Strahljäger-Prototypen zügig weiter. Heinkel brachte seine Maschine, die bahnbrechende He 280, als erster in die Luft. Zu ihren auffallendsten Konstruktionsmerkmalen gehörte ein zweites Fahrwerk, das sich unter dem Bug und nicht unter dem Heck befand. Das Bugrad hatte den Vorteil, daß die Flugzeugnase tiefer kam und der Pilot beim Rollen am Boden bessere Sicht nach vorn hatte. Außerdem wurden die heißen Strahlgase nicht gegen den Boden geblasen, sondern voll für den Start genutzt. Auch ließ sich die Maschine bei Seitenwind besser landen. Darüber hinaus verfügte die He 280 als erstes Flugzeug der Welt über einen Schleudersitz, der mit Druckluft betrieben wurde. Am 5. April 1941 absolvierte das Düsenflugzeug bei Rostock erfolgreich seinen Erstflug, bei dem es den Platz allerdings auf wenig spektakuläre Weise nur einmal in geringer Höhe umrundete.

Daß Heinkel sein Debüt früher geben konnte als Messerschmitt, lag vor allem daran, daß weder Junkers noch BMW planmäßig mit der Konstruktion ihrer Triebwerke fertig wurden. Heinkel konnte eine Strahlturbine aus seinen eigenen Werken – eine Weiterentwicklung des Ohainschen Versuchsmodells – installieren, Messerschmitt nicht.

Messerschmitt hatte seinen Düsenjäger speziell für die von BMW projektierten Triebwerke ausgelegt, doch die BMW-Techniker sahen sich mit immer neuen Schwierigkeiten konfrontiert. Der Schub sei unzureichend, erklärten sie; sie müßten die Turbinen vergrößern. Also überarbeitete Messerschmitt seine Konstruktionspläne, um die vergrößerten Triebwerke und ihr zusätzliches Gewicht unterzubringen. Anfang 1941 lag das neue Konzept vor, aber BMW hatte immer noch kein Triebwerk – aufgrund weiterer technischer Probleme, hieß es. Messerschmitt wartete bis April. Dann begann er die Erprobung der Flugzeugzelle mit einem herkömmlichen Kolbenmotor, den er im Bug einbauen ließ.

Beim Anrollen zu ihrem ersten erfolgreichen Erprobungsflug am 18. Juli 1942 in Lechfeld quellen dicke Abgaswolken aus den Strahlturbinen der Me 262 V3. Der Pilot Fritz Wendel erklärte nach dem zwölfminütigen Flug, bei dem er auf 720 Stundenkilometer beschleunigte, zufrieden, die Jumo-004-Turbinen seien „wie Uhrwerke gelaufen".

Monate vergingen. Es wurde November, bis BMW die Strahlturbinen lieferte. Messerschmitt brachte sie wie geplant unter den Tragflächen an und führte umfassende Bodentestläufe durch, bis er im März 1942 sicher genug war, daß sie seine Maschine in die Luft tragen konnten. Eine innere Stimme riet ihm jedoch, den Kolbenmotor bei der ersten Flugerprobung nicht auszubauen, für den Fall der Fälle. Es war eine weise Entscheidung. Die Me 262 jagte mit heulenden Triebwerken und wild drehendem Propeller die Startbahn entlang. Doch kaum hatte sie abgehoben, als erst die linke, dann die rechte Turbine wegen Schaufelbruch ausfiel. Alles, was Fritz Wendel, Messerschmitts bestem Testpiloten, blieb, war der Kolbenmotor, und er hatte alle Mühe, das schwerfällige, überschwere Flugzeug sicher zum Boden zurückzubringen.

BMW mußte das Triebwerk von Grund auf überarbeiten. Messerschmitt hatte besseres zu tun, als diesen Prozeß abzuwarten. Er interessierte sich für ein vielversprechenderes Projekt, nämlich die Jumo-004B-Strahlturbine, die eben der Vollendung entgegenging. Die Jumo-Turbinen waren allerdings noch größer und schwerer als die BMW-Triebwerke, was weitere Veränderungen an der Konstruktion erforderlich machte. Unter anderem mußten die Tragflächen aus Gründen des Gewichtsausgleichs nach hinten gepfeilt werden. Dies erwies sich als wahrer Glücksgriff, der eine erhebliche Leistungssteigerung des neuen Düsenflugzeugs mit sich brachte. Die gepfeilten Tragflügel nahmen der Strömungsverdichtung, der Zunahme des Luftwiderstandes bei Annäherung an die Schallgeschwindigkeit, einen Teil ihrer geschwindigkeitsmindernden Wirkung und machten den Jet wesentlich schneller. Schließlich, mehr als ein Jahr nach dem Erstflug der He 280, konnte die Flugerprobung der Me 262 beginnen.

Am 18. Juli 1942 rollte Wendel auf dem Flugplatz Lechfeld in der Nähe der Augsburger Messerschmitt-Werke auf die Startbahn und beschleunigte, um, wie empfohlen, bei Erreichen von 180 Stundenkilometern abzuheben. Die Bahn war nur 1100 Meter lang, durchaus ausreichend für das neue Flugzeug, wie Wendel meinte. Er drückte an, um das Leitwerk anzuheben – nichts geschah! Die Me 262 klebte am Boden wie ein außer Kontrolle geratener Lastwagen. Was war los?

Anders als die He 280 hatte die Me 262 ein Spornrad, das das Heck der Maschine stützte und den Schubstrahl der unter den Flächen hängenden Triebwerke nach unten leitete. Beim Anrollen wurde der Schubstrahl vom Boden zum Heck reflektiert; die Turbulenz, die dadurch entstand, führte zu Verwirbelungen am Leitwerk, die das Höhenruder – die Steuerflächen, mit denen das Heck gehoben oder gesenkt wird – unwirksam werden ließen. Das gleiche hatte sich zweifellos abgespielt, als Wendel die mit BMW-Triebwerken ausgerüstete Version geflogen hatte. Nur hatte da der vom Propeller erzeugte Luftstrom die Wirkungen des Schubstrahls auf das Höhenruder aufgehoben, so daß die Maschine in die Luft gekommen war.

Wendel riß die Leistungshebel zurück und bremste. Kurz vor dem Ende der Startbahn kam das Flugzeug zum Stehen. Er kletterte aus dem Cockpit und beriet sich kurz mit Ingenieuren der Messerschmitt-Werke, die ihn auf eine Idee brachten. Wendel setzte sich wieder ins Cockpit und rollte ein zweites Mal auf die Startbahn. Bei 180 Stundenkilometern trat er einmal kurz in die Bremsen. Die Maschine ruckte, und die Wucht dieser Bewegung brachte das Heck sauber in die Höhe. Sekunden später kreiste die Me 262 schnell und elegant über dem Platz. Nach zwölf Minuten kehrte Wendel zum Boden zurück, außer sich vor Begeisterung. Die neue Maschine „zu fliegen war ein einziges Vergnügen", berichtete er. Dabei hätte Wendel sich leicht den Hals brechen können: Etwas weniger Gefühl beim Bremsen, und das Flugzeug hätte sich überschlagen. Nach sechs weiteren Erpro-

Vor seinem ersten Flug mit der Me 262 unterhält sich der General der Jagdflieger, Generalmajor Adolf Galland (rechts), am 22. Mai 1943 mit dem Testpiloten Fritz Wendel. Nach dem Flug drängte Galland seine Vorgesetzten, die Produktion des kolbenmotorgetriebenen Jägers Me 109 zugunsten der Me 262 einstellen zu lassen.

bungsflügen, die Wendel durchführte, hielt Messerschmitt die Zeit für gekommen, die Luftwaffe zum Begutachten des Jets einzuladen.

Am 17. August 1942 erschien Diplomingenieur Heinrich Beauvais, ein Testpilot der Luftwaffe, in den Messerschmitt-Werken, um die neue Maschine zu fliegen. Wendel erklärte ihm, daß es notwendig sei, die Leistungshebel behutsam vorzuschieben, damit die Triebwerke nicht mit einem Schwall Treibstoff überflutet würden und explodierten. Außerdem führte er ihn in das unorthodoxe Startverfahren ein. Während Beauvais in Startposition rollte, eilte Wendel zur Startbahn, um sich am Rande etwa 300 Meter vor ihrem Ende aufzustellen und den Punkt zu markieren, an dem der Pilot in die Bremsen treten mußte. Beauvais gab Gas und rollte los. Als die Me 262 an Wendel vorbeikam, war deutlich zu erkennen, daß sie nicht genügend Fahrt hatte. Doch statt den Start abzubrechen, versuchte Beauvais, das Heck in die Höhe zu bringen. Es hob sich einen kurzen Moment und plumpste dann auf den Asphalt zurück. Beauvais bremste, rollte an den Anfang der Startbahn zurück und versuchte es noch einmal, mit demselben Ergebnis. Beim dritten Versuch hob die Me 262 fast unmerklich vom Boden ab. Aber Beauvais schaffte es nicht, Höhe zu gewinnen. Sekunden später zogen die Räder Spuren in ein angrenzendes Feld. Der rechte Tragflächenrandbogen streifte einen Misthaufen und wirbelte die Maschine herum. Beauvais kam mit dem Schrecken davon. Das Flugzeug wurde schwer beschädigt, später aber wieder aufgerüstet und zu weiteren Erprobungsflügen eingesetzt.

Trotz der schlechten Erfahrungen Beauvais' zeigte die Luftwaffe Interesse an der Me 262. Andere Testpiloten unterzogen sie, nachdem sie das Startproblem meistern gelernt hatten, einem intensiven Erprobungsprogramm. Die Piloten stellten fest, daß der Jet auch bei der kaum glaublichen Geschwindigkeit von bis zu 870 Stundenkilometern erstaunlich manövrierfähig blieb. Im Oktober erteilte Generalfeldmarschall Milch, der Udet als Generalluftzeugmeister abgelöst hatte, Messerschmitt einen Auftrag über 17 Me 262 zur Erprobung im Truppenversuch.

In der Zwischenzeit sah sich Heinkel mit seiner He 280 mit Schwierigkeiten konfrontiert. Obwohl sie ein Traum von einem Flugzeug war, war sie – mit 790 Stundenkilometern – langsamer als die Me 262. Heinkel war überzeugt, daß seine He 280 mit stärkeren Turbinen ein ebenbürtiger Konkurrent der Me 262 werden könnte. Dem stand jedoch ein schwerwiegendes Problem im Wege, das durch den Einbau größerer Triebwerke nur noch verschlimmert wurde. Die He 280 hatte völlig unzureichende Treibstoffbehälter und eine entsprechend begrenzte Reichweite, die ein Drittel unter der der ersten Me-262-Versionen lag. Leistungsfähigere Turbinen führten zwangsläufig zu einer weiteren Verkürzung der Reichweite. Der Einbau größerer Treibstoffbehälter jedoch bedeutete, daß das Flugzeug buchstäblich von Grund auf neu konstruiert werden mußte.

Im Lager der Konkurrenz ging die Erprobung der Me 262 im Herbst und Winter 1942 weiter. Anfang 1943 erreichte die Maschine im Bahnneigungsflug erstaunliche 950 Stundenkilometer. Damit schien die obere Geschwindigkeitsgrenze erreicht zu sein. Die Piloten sahen von weiteren Steigerungsversuchen ab, da die Me 262 im Grenzbereich zur Schallgeschwindigkeit derart zu rütteln und sich aufzubäumen begann, daß von kontrolliertem Fliegen keine Rede mehr sein konnte.

Inzwischen sah die militärische Lage für die Deutschen übel aus. Sie kämpften an zwei Fronten – gegen die Russen im Osten und die Engländer und Amerikaner in Nordafrika. Fabriken, Staudämme und Brücken im industriereichen Ruhrgebiet waren Ziele einer massiven alliierten Bombenoffensive, desgleichen die historischen Städte des Rheinlandes. Als sich das Kriegsglück wendete, breitete sich Unsicherheit im deutschen Oberkommando aus. Niemand schien in der Lage, klare Entscheidungen zu treffen. Maßnahmen, die heute vorrangig waren, und Befehle, die heute erteilt wurden, verloren ein paar Wochen oder Monate später ihre Gültigkeit oder wurden sogar durch gegenteilige Maßnahmen und Befehle ersetzt. In diesem Klima der Unsicherheit schien es unwahrscheinlicher denn je, daß Messerschmitts neuer Strahljäger in Produktion gehen würde.

Das einzige, woran sich in dieser Zeit nichts änderte, war Hitlers plötzliche Antipathie gegenüber Jagdflugzeugen jeglicher Art. In der ersten Phase des Krieges hatte er mit ihrer Hilfe seine Siege erringen können; jetzt, da die Alliierten siegten, betrachtete er seine Jagdwaffe als ein defensives Instrument, ein Mittel, die Eindringlinge vom Himmel zu holen. Aber für Hitler hatte das Wort Defensive einen zu starken Beigeschmack von Niederlage. Was der Führer wollte, waren neue, bessere Bomber. Mit Bombern konnte er in die Offensive gehen – gegnerische Befestigungen zertrümmern, seine Luftangriffe auf London wieder aufnehmen und Vergeltung üben für die Bombenangriffe an Rhein und Ruhr.

In der Führungsspitze der Luftwaffe sah man die Dinge anders – jedenfalls wenn man unter sich war. Ohne eine starke Jagdwaffe zur Verteidigung, die den Druck der Bombardements auf die deutsche Flugzeugindustrie mindern konnte, galt die Idee einer Bombenoffensive als völlig absurd. Aber Hitlers Paladine zögerten, ihm in diesem oder einem anderen Punkt zu widersprechen. Kurz nach Beginn der alliierten Bombenangriffe hatte er die Luftwaffe in einem lautstarken Wutanfall beschuldigt, ihn im Stich zu lassen – eine Klage, die in sich die Drohung der Entlassung für die Luftwaffenführung trug, wenn nicht gar Schlimmeres.

Der Oberbefehlshaber der Luftwaffe Hermann Göring zog es vor, sich in der Frage Jäger oder Bomber nicht zu äußern. Das Reichsluftfahrtministerium brachte auch nicht mehr Courage auf. Generalfeldmarschall Milch war bereit, dafür zu sorgen, daß die deutsche Flugzeugindustrie genau das produzierte, was Hitler haben wollte.

Zu den stärksten Befürwortern der Me 262 gehörte Generalmajor Adolf Galland, einer der kühnsten und erfolgreichsten Jagdflieger der Luftwaffe und eine ihrer eindrucksvollsten Persönlichkeiten. Flott, geradeheraus, zielbewußt, die Schirmmütze schräg auf die Seite geschoben und zwischen den Zähnen stets eine schwarze Zigarre, strahlte er Zuversicht und Vitalität aus. Er hatte einen kometenhaften Aufstieg hinter sich und war im Alter von 30 Jahren mit über 90 Luftsiegen General der Jagdflieger geworden – Deutschlands jüngster General.

Galland hatte in den Jahren des aktiven Einsatzes als Jagdflieger auf europäischen Kriegsschauplätzen beobachten können, wie sich Zahl und Leistung seiner britischen und amerikanischen Gegner ständig steigerten. Nun erreichten ihn Berichte des Nachrichtendienstes, die von einer enormen Konzentration amerikanischer Bomber und Begleitjäger auf englischen Fliegerhorsten sprachen. Voller Sorge beobachtete er, wie die deutschen Luftstreitkräfte auf eine immer größere Zahl von Kriegsschauplätzen aufgesplittert und dadurch geschwächt wurden. Deutschlands unzureichende Luftverteidigung mußte gestärkt werden, und zwar schnell, wenn sie nicht in Kürze überwältigt werden sollte. Ein neues Flugzeug sei vonnöten, erklärte Galland, „um ganz überlegene Leistung gegen zahlenmäßige Übermacht setzen zu können". Gemeint war die Me 262. Galland sollte bald Gelegenheit bekommen, sie selbst zu erproben.

Am 22. Mai 1943 fuhr Galland nach Lechfeld, wo nahe dem Augsburger Stammwerk der Versuchsflugplatz Messerschmitts lag. Am Ende der Startbahn standen zwei Me 262, die er wie „Silberstreifen am Horizont" empfand. Galland ließ sich eine Maschine im Flug vorführen und kurz in die Handhabung einweisen. Dann kletterte er in das Cockpit des zweiten Düsenjägers. Er ließ die Turbinen aufheulen und leitete den Start ein. Ein kurzes Antippen der Bremsen, um das Heck zu heben, dann stieg die Me 262 empor und entführte den Piloten in eine neue Dimension. „Ich fliege zum erstenmal mit Rückstoßantrieb!" schrieb Galland nach dem Krieg in seinen Erinnerungen. „Kein Motor vibriert. Kein Drehmoment und keine peitschenden Geräusche der Luftschraube. Von einem pfeifenden Schall begleitet, schießt mein ‚Turbo' in die Luft."

Ein propellergetriebenes Versorgungsflugzeug flog gerade über den Platz, und im Überschwang seiner Gefühle setzte Galland zum simulierten Angriff an. Während er stürzte und kurvte, bewunderte er die Schnelligkeit und Manövrierfähigkeit des Jets. Ein solches Flugzeug sollte seinen Jagdfliegern einen entscheidenden Vorteil gegenüber jedem Gegner verschaffen. Bei der Landung war Galland überzeugt: „Das war kein Schritt, das war ein großer Sprung nach vorn!"

Galland schickte auf der Stelle ein Telegramm an Milch. „Das Flugzeug Me 262 stellt einen ganz großen Wurf dar", schrieb er, „der uns im Einsatz einen unvorstellbaren Vorsprung sichert, falls der Gegner noch länger beim Kolbenantrieb bleibt ... Das Flugzeug eröffnet völlig neue taktische Möglichkeiten." Gallands klare Parteinahme für die Me 262 verriet, für wie dringlich er die Sache hielt. Wenn es dem Gegner gelang, früher als die Deutschen einen eigenen Düsenjäger zum Einsatz zu bringen, blieb von den Vorteilen der Me 262 möglicherweise nicht mehr viel übrig. Daß Frank Whittle vor dem Krieg mit einem Strahlantrieb experimentiert hatte, war in Deutschland bekannt, aber man wußte nicht, ob die Engländer inzwischen ein serienreifes Flugzeug entwickelt hatten. Tatsächlich jedoch waren diese Sorgen weitgehend unbegründet.

Die britische Regierung hatte Whittles Idee nach 1937 zwar aufgegriffen, die Entwicklung des Strahlantriebs aber Großbritanniens führendem Motorenhersteller Rolls Royce übertragen. Erst am 15. Mai 1941 fand der Erstflug eines kleinen Versuchsflugzeugs statt, das von der Gloster Aircraft Company unter der Bezeichnung E 28/39 entwickelt worden war. Die

Das tödliche „Kraftei" der Luftwaffe

Im Spätherbst 1944 sahen sich alliierte Bomberbesatzungen am Himmel über Deutschland mit einem neuen Jagdflugzeug des Gegners konfrontiert, das sogar noch schneller war als die strahlgetriebene Me 262. Der auffallend kleine Abfangjäger, Messerschmitts Me 163 Komet, hatte kurze Pfeilflügel aus Holz, einen gedrungenen, eiförmigen Metallrumpf und ein neuartiges Raketentriebwerk, das bis zu 2000 Kilopond Schub erzeugte und die Maschine auf fast 1000 Stundenkilometer beschleunigte.

Wie die Me 262 gehörte die Komet zu Deutschlands sogenannten Wunderwaffen, die noch im letzten Kriegsjahr zum Einsatz kamen. Doch damit hörten die Gemeinsamkeiten auch schon auf. Die Komet, die von den Erprobungspiloten der Luftwaffe den Namen „Kraftei" erhielt, verschlang ihren 1600 Liter umfassenden Treibstoffvorrat innerhalb von vier bis sieben Minuten nach dem Start und hatte einen Aktionsradius von nur 40 Kilometern, dafür aber eine Steigleistung von 3600 Metern in der Minute. Bei Meldung eines anfliegenden alliierten Bomberverbandes stiegen die Piloten über die Eindringlinge, drückten an und stürzten, aus ihren 30-mm-Zwillingskanonen unablässig feuernd, herab. Wenn der Treibstoff verbraucht war, kehrten sie im Gleitflug zu ihren Einsatzbasen zurück.

Aber die Komet war nicht nur für den Gegner, sondern auch für die eigene Besatzung gefährlich. Ihr Treibstoff, ein Gemisch aus Methylalkohol und Wasserstoffperoxid, war äußerst flüchtig und explodierte bei der geringsten Gelegenheit. So kam es, daß einige Komets einfach am Boden auseinanderflogen. Bei anderen fielen die Triebwerke aus, und die ins Cockpit dringenden ätzenden Dämpfe führten zur Erblindung der Piloten. In einem besonders tragischen Fall wurde der Flugzeugführer bei einem Leitungsbruch von einem Schwall des Gemisches überschüttet und erlitt tödliche Verätzungen.

Von den 364 Komets, die während des Krieges gebaut wurden, kamen nur wenige zum Einsatz; sie schossen neun alliierte Bomber ab. Die Komet „war ihrer Zeit um zehn Jahre voraus, aber der Krieg beschleunigte ihre Entwicklung", erinnerte sich der Luftwaffen-Erprobungspilot Mano Ziegler, „und deshalb war sie vermutlich auch das gefährlichste Flugzeug, das je gebaut wurde".

Auf einem mit Luftkissen ausgerüsteten Transportfahrzeug wird in Peenemünde an der Ostseeküste eine Me 163B Komet von der Landepiste geschleppt.

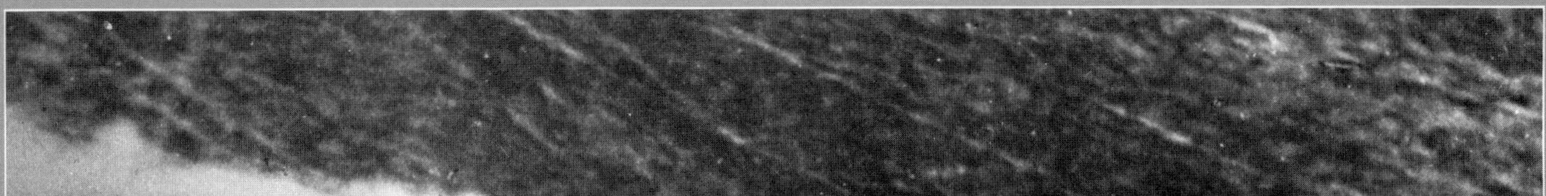

Ein Versuchsmuster der Me 163A schießt bei einem Geschwindigkeitstest im Jahre 1941 im Tiefflug über eine Meßstrecke bei Peenemünde.

Ergebnisse der Erprobung beeindruckten das Luftfahrtministerium derart, daß der Bau eines Düsenjäger-Prototyps in Auftrag gegeben wurde. Es handelte sich um die Gloster Meteor, einen äußerlich der Me 262 nicht unähnlichen, zweistrahligen Jagdeinsitzer, der jedoch aufgrund schlechterer aerodynamischer Widerstandswerte und weniger leistungsfähiger Triebwerke rund 150 Stundenkilometer langsamer war. Auch in bezug auf die Bewaffnung konnte die Meteor mit ihren vier 20-mm-Kanonen mit dem deutschen Flugzeug, das mit vier 30-mm-Bordkanonen ausgerüstet war, nicht mithalten. Der Erstflug der Meteor fand am 5. März 1943 auf einem Flugplatz in Boscombe Down statt.

Zwei Monate nach dem Debüt der Meteor hielt der britische Nachrichtendienst Unterlagen in Händen, aus denen hervorzugehen schien, daß die Deutschen in der Entwicklung eines einsatzfähigen Düsenjägers tatsächlich einen großen Vorsprung hatten. Bei der Analyse von Luftaufnahmen, die ein Aufklärer von einem Flugplatz bei Peenemünde an der Ostsee mitgebracht hatte, entdeckte man eigentümliche, parallel verlaufende Versengungen, die den Spuren glichen, die der heiße Schubstrahl der Meteor beim Start auf der Bahn hinterließ. Sie stammten von der Me 262. Als die Photoexperten daraufhin ihre Akten durchgingen, fanden sie Aufnahmen aus vergangenen Monaten, die ebenfalls die unverkennbaren Spuren des deutschen Jets zeigten – nicht nur in Peenemünde, sondern auch in Leipheim und Lechfeld, wo Messerschmitt seine Produktionsstätten hatte. Wenn die Deutschen in der Erprobung schon so weit waren, stand tagtäglich zu befürchten, daß ihr Strahljäger Einsatzreife erlangte.

So groß die Besorgnis der Engländer war, so groß war die Begeisterung Gallands für die Me 262, von der Göring und Milch nicht unbeeindruckt blieben. Auf ihr Betreiben beschloß das Reichsluftfahrtministerium Anfang Juni, schleunigst mit der Serienfertigung der Maschine zu beginnen. Einen Monat später fuhr Göring zur Flugbesichtigung der Me 262 nach Lechfeld. Inzwischen war das leidige Verwirbelungsproblem beim Start durch den Einbau eines einziehbaren Bugradfahrwerks behoben worden. Es verhinderte, daß der Schubstrahl direkt gegen den Boden gelenkt wurde. Göring zeigte sich ebenfalls tief beeindruckt von dem Strahljäger und schickte einen begeisterten Bericht an Hitler.

Hitler blieb unbeeindruckt. Der Führer hatte das Vertrauen in die Luftwaffe vollständig verloren. Er gab Göring die Schuld, daß die alliierten Bombenangriffe mit unverminderter Härte weitergingen, und beschuldigte ihn, die Luftversorgung der 6. Armee vor Stalingrad verpfuscht und dadurch zu ihrer Niederlage beigetragen zu haben. Ein neuer schwerer Bomber, die He 177, war ihm für 1941 versprochen worden; der Termin lag anderthalb Jahre zurück, und die Vollendung des Flugzeugs war immer noch nicht abzusehen. Das Maß der Dinge war voll. Hitler hatte zwar nichts gegen die weitere Erprobung der wenigen zur Verfügung stehenden Prototypen einzuwenden, untersagte aber das Anlaufen der Serienproduktion, bis er sich selbst ein Bild von den Vorzügen des neuen Jägers gemacht und seine Entscheidung getroffen hatte.

Kurz danach schickte Hitler Göring mit einer Frage zu Messerschmitt. Konnte das Jagd- in ein Bombenflugzeug umgewandelt werden? Natürlich gab es keinen Grund, warum nicht auch Bomber mit Strahlantrieben ausgerüstet sein sollten. In der Tat hatte Deutschland am 15. Juni 1943 den ersten Prototyp eines zweistrahligen Bomben- und Aufklärungsflugzeugs in die Luft gebracht. Es war die Arado Ar 234 *(S. 32)*, die entwicklungsmäßig allerdings weit hinter der Me 262 hinterherhinkte. Hitler konnte seinen Strahlbomber schneller bekommen, wenn er die Messerschmitt-Maschine umbauen ließ. Aber bei der Me 262 handelte es sich um ein Flugzeug, das

Während der gesamten Entwicklungsphase setzten Techniker die Me 262 zur Erprobung neuer Waffen ein, die dem Düsenflugzeug Schlagkraft verleihen sollten. Zu den erfolgreicheren Systemen gehörten 250-Kilo-Bomben an Außenaufhängungen unter den Flächen (oben) und ein Rüstsatz von zwölf R4M-Raketen unter jeder Tragfläche (darunter). Die Raketen wurden in schneller Folge abgefeuert und sollten Gegner von der Größenordnung einer B-17 zur Strecke bringen.

Unter dem Druck, die Wirksamkeit der Me 262 zu steigern, brachten deutsche Techniker auch einige Waffen hervor, die sich als völlige Fehlentwicklungen erwiesen, darunter eine Bugkanone (oben) und eine nachgeschleppte 1000-Kilo-Bombe (darunter). Das Mündungsfeuer der 50-mm-Kanone blendete den Piloten in unerträglicher Weise, und die Bombe beeinträchtigte die Stabilität der Me 262 im Flug derart, daß die Idee nach wenigen Erprobungsflügen fallengelassen wurde.

als schneller Abfangjäger konzipiert war, einen reinen Jäger, der dazu imstande war, blitzschnell durch die anrollenden Bomberströme der Alliierten und deren Begleitschutz zu stoßen. Ihn mit Bombenaufhängungen und Zielgeräten zu beschweren, bedeutete eine drastische Verringerung seiner Leistungsfähigkeit. Messerschmitt hoffte, die Diskussion abzuschließen und baldmöglichst mit der Serienproduktion beginnen zu können, indem er antwortete: „Es ist von vornherein vorgesehen, daß bei der Maschine zwei Bombenschlösser angebaut werden." In Wahrheit hatte der Konstrukteur nie daran gedacht, sein Düsenflugzeug mit Bomben zu bewaffnen, obwohl dies, wie er wußte, theoretisch möglich war.

Und wie lange würde er bis zur Fertigstellung brauchen, „wenn es von nun an mit halsbrecherischem Tempo weitergehen müßte?", fragte Göring. „Das ist verhältnismäßig leicht gemacht – in 14 Tagen", antwortete Messerschmitt. „Es ist lediglich eine Frage der aerodynamischen Verkleidung der Bombenaufhängungen." Göring schien zufrieden und verabschiedete sich in gehobener Stimmung. Messerschmitt hoffte, die Angelegenheit werde sich von selbst erledigen, aber das erwies sich als ein Irrtum.

Kurze Zeit später wurde der Konstrukteur aufgefordert, eine Flugvorführung des Strahljägers für den Führer höchstpersönlich vorzubereiten. Als der Tag, der 26. November 1943, gekommen war, stand Hitler neben Göring, Galland und anderen Führungskräften am Rande der Landebahn und beobachtete den Flug der Me 262. Er schien positiv beeindruckt. Dann wandte er sich an den Oberfehlshaber der Luftwaffe und stellte die Frage: „Kann dieses Flugzeug Bomben tragen?"

„Jawohl, mein Führer, im Prinzip ja", antwortete Göring und wiederholte, was Messerschmitt ihm gesagt hatte. „Belastungsmäßig werden 500 Kilogramm sicher, vielleicht sogar 1000 Kilogramm zu verkraften sein."

Das war alles, was Hitler hören wollte. Nicht einmal zwei Wochen später schickte er ein Fernschreiben an Göring, in dem er auf die große Bedeutung der Fertigung eines strahlgetriebenen Flugzeugs für die Verwendung als Jagdbomber hinwies. Hitler hoffte, das Flugzeug rechtzeitig zur Abwehr der alliierten Invasion zu bekommen, die er für das Frühjahr erwartete. „Das Entscheidende ist, daß er [der Feind] im Moment der Invasion Bomben auf den Kopf kriegt", erklärte er anläßlich einer Stabskonferenz in Berlin. „Dann zwingen wir ihn, Deckung zu nehmen ... und damit versäumt er Stunde um Stunde."

Überzeugt, daß ihr Führer einen schweren Fehler beging, zogen es Hitlers Generale vor, seine Ausführungen einfach zu überhören. Sie waren entschlossen, auf Zeit zu spielen, solange kein direkter gegenteiliger Befehl erging. Messerschmitt sollte die Produktion der Me 262 mit einem sofortigen Auftrag über 100 Jäger in Gang bringen. Um sich abzusichern, beauftragte er ein kleines Team, sich Gedanken darüber zu machen, wie der Jet mit Bomben auszurüsten sein könnte.

Ende April 1944 hatten genügend Jagdflugzeuge das Werk verlassen, um ein kleines Erprobungskommando nach Lechfeld zu entsenden. Erfahrene Jagdflieger wurden von Messerschmitts Versuchspiloten kurz in die Handhabung des neuen Düsenflugzeugs eingewiesen. Alles weitere war ihre eigene Sache. Zu den Aufgaben des Kommandos gehörten die Entwicklung von Taktiken, die das beste aus der großen Geschwindigkeit und überlegenen Steigfähigkeit der Maschine machten, und die Erprobung verschiedener Waffensysteme sowie Angriffsformationen. Man hoffte, auf diese Weise möglichen Kinderkrankheiten des Jets rechtzeitig auf die Spur zu kommen, um sie noch in der Fertigung auszumerzen.

Hitler war über diese Vorgänge so gut wie gar nicht informiert. In der letzten Maiwoche ließ er Milch, Göring, Galland und andere hohe

Der erste Düsenbomber der Geschichte

Als die revolutionäre Me 262 im Juli 1942 zu ihrem Jungfernflug startete, lagen auf den Konstruktionstischen deutscher Ingenieure schon seit Monaten Pläne für ein noch größeres Strahlflugzeug – die Arado Ar 234, einen Bomber für große Flughöhen. Die Arbeiten an dem ersten von über 30 Prototypen hatten bereits 1940/41 begonnen.

Für ihre neue Maschine ließen sich die Arado-Ingenieure eine Fülle von Neuheiten einfallen. Sie statteten mehrere der ersten Muster mit einem Startwagen aus, der nach dem Abheben abgeworfen wurde *(rechts)*, um Widerstand und Gewicht zu reduzieren. Die Landung auf Grasplätzen ermöglichte eine Hauptkufe unter dem Rumpf. Andere Prototypen waren mit Startraketen zur Verkürzung der Startstrecke ausgerüstet. Wieder andere hatten Druckkabinen und sogar Schleudersitze. Etliche Muster wurden mit vier Triebwerken gebaut *(oben rechts)*.

Im Sommer 1944 lief die Serienfertigung des zweistrahligen „Blitzbombers" Ar 234B an. Die Maschine *(unten)* hatte eine Spitzengeschwindigkeit von 740 Stundenkilometern und eine Dienstgipfelhöhe von 10 000 Metern. Sie war allen alliierten Bombern um Jahre voraus, doch sie kam zu spät, um die Wende für das bedrängte Reich zu bringen.

Eine vierstrahlige Ar 234C wird zum Erprobungsflug auf die Startbahn geschleppt.

Nach dem Abheben mit ausgefahrener Landekufe wirft die Ar 234 V1 den Startwagen ab.

Diese Ar 234B konnte eine 1500 Kilogramm schwere Bombenlast tragen. Ihre zwei Jumo-Strahlturbinen leisteten je 890 Kilopond Schub.

Luftwaffenoffiziere in das Adlernest, sein Hauptquartier auf dem Obersalzberg in Bayern, kommen. Grund der Besprechung war eine Erörterung der mißlichen Lage der deutschen Luftverteidigung. Seit Monaten drangen Ströme schwerer britischer Lancaster-Bomber und amerikanischer B-17 und B-24 praktisch unbehelligt in den deutschen Luftraum ein. Sogar Berlin war am Tage angegriffen worden. Langstrecken-Jäger vom Typ P-47 Thunderbolt und P-51 Mustang, die Begleitschutz für die Angreifer flogen, waren den Verteidigern der Luftwaffe zahlenmäßig schätzungsweise im Verhältnis von 7 zu 1 überlegen. Die Verluste waren – mit 1000 Flugzeugführern in vier Monaten – verheerend, und Galland befürchtete, wie er an seine Vorgesetzten geschrieben hatte, „die Gefahr des Zusammenbruchs unserer Luftwaffe". Anschließend schlug er ein Notprogramm zur Ausbildung von zusätzlichen Piloten und Aufstockung der Düsenjäger-Produktion auf 1000 Maschinen monatlich vor. „Mir ist im Augenblick eine Me 262 lieber als fünf Me 109", erklärte er.

Auf dem Obersalzberg hörte Hitler Gallands Vorschläge mit wachsendem Unwillen. Wie viele der derzeit in Produktion befindlichen Düsenflugzeuge Bomben trügen, wollte er wissen. „Keines, mein Führer", erwiderte Milch, „die Me 262 wird ausschließlich als Jagdflugzeug gebaut."

Hitler schäumte vor Wut. „Wer achtet überhaupt auf meine Befehle?" brüllte er. Milch, Göring – die ganze Luftwaffe – seien Feiglinge und Verräter der übelsten Sorte. Von nun an, so verfügte er, sollte die Me 262 ausschließlich als Bomber gebaut werden. Entsetzt über Hitlers Temperamentsausbruch, erwiderte Milch heftig: „Mein Führer, das sieht doch jedes kleine Kind, daß das kein Bomber, sondern ein Jäger ist." Er wurde wenig später seines Postens enthoben. Auch Galland fiel bald in Ungnade.

Zum Glück für Messerschmitt hatte das Konstruktionsteam, das er mit der Umwandlung der Me 262 in einen Bomber beauftragt hatte, gute Fortschritte gemacht. Die Spezialisten hatten Aufhängungen unter dem Rumpf angebracht, und der Mechanismus funktionierte. Nur wenige Änderungen waren noch erforderlich, um die Maschine einsatzbereit zu machen, und die konnten im Zuge des Fertigungsprozesses erfolgen.

Wie von den Anhängern der Jagdflugzeugversion vorhergesagt, enttäuschte die Me 262 als Bomber. Der Widerstand der Aufhängevorrichtung und das tonnenschwere Gewicht von Bombenlast plus Zielgerät verlangsamten die Maschine derart, daß sie den schnellsten alliierten Jagdflugzeugen unterlegen war. Im flachen Sturz von etwa 30 Grad, aus dem die Bomben abgeworfen wurden, nahm die Geschwindigkeit dagegen derart zu, daß der Pilot sein Ziel kaum anvisieren konnte und es häufig weit verfehlte. Als ein Adjudant Hitler auf dieses Problem hinwies, war die Invasion, die der Führer mit Hilfe des neuen Flugzeugs zu verhindern gehofft hatte, schon in vollem Gange. Hitler hielt dem entgegen, daß Deutschlands Straßen so vollgestopft mit alliierten Fahrzeugen seien, daß jede Bombe, die abgeworfen werde, treffen müsse.

Damit kam Hitler der Wirklichkeit ziemlich nahe. In den folgenden Monaten erzielten Kampfflieger, die mit der Bomberversion der Me 262 ausgerüstet und auf vorgeschobene Basen in Frankreich verlegt wurden, mäßige Erfolge gegen vorrückende alliierte Bodentruppen. Im Juli und August 1944 stellte sich dann heraus, daß die Piloten mit zunehmender Erfahrung tatsächlich dieselbe Treffsicherheit erzielten wie zuvor mit kolbengetriebenen Jagdbombern.

Zu dieser Zeit begann das Erprobungskommando in Lechfeld, mit mehreren der als Jäger gebauten Me 262 Einsätze gegen alliierte Flugzeuge zu fliegen. Bis zum 25. Juli, dem Tag, an dem der britische Hauptmann Wall über Bayern einer Me 262 begegnete, hatte das Kommando drei

Luftsiege errungen. General Carl Spaatz, der Oberkommandierende der amerikanischen strategischen Luftstreitkräfte in Europa, erkannte sehr bald, daß das Düsenflugzeug eine Gefahr von bis dahin ungeahnter Größenordnung darstellte. „Diese tödlichen deutschen Düsenjäger könnten alliierte Bombenangriffe in naher Zukunft unmöglich machen", berichtete er am 1. September 1944 nach Washington.

Die Erfolge der Me 262 in der Jagdversion veranlaßten Hitler, seine Meinung zu ändern. Er hatte, wie sein Rüstungsminister Albert Speer Jahre nach dem Kriege schrieb, eingesehen, daß die Wirkung dieser Kleinstbomber äußerst gering war. Doch er trennte sich nur zögernd von der Idee, die Me 262 als Jagdbomber zu verwenden. Ende August genehmigte er die Fertigung einer beschränkten Zahl von Düsenjägern – je eine Jagdversion auf 20 Bomberversionen. Zwei Monate später ordnete er an, daß alle Me 262, die in Zukunft in Produktion gingen, als Jäger gebaut, aber so ausgerüstet werden sollten, daß jede für den Notfall zumindest eine 250-Kilo-Bombe tragen konnte. Weder Messerschmitt noch die Luftwaffe schenkten dieser Bedingung irgendwelche Beachtung.

Es war sowieso ein Wunder, daß in Deutschland unter den gegebenen Umständen noch Flugzeuge gebaut wurden. Die Flugzeugindustrie lag seit langem unter planmäßigem Luftbombardement, und es herrschte akuter Mangel an wichtigen Rohstoffen, vor allem an Nickel und Chrom, die zur Herstellung der Turbinenschaufeln gebraucht wurden. Dennoch ging die Produktion der Me 262, der inzwischen Vorrang bei der Zuweisung der knappen Rohstoffe eingeräumt worden war, zügig voran.

Zum Schutz vor den alliierten Bombern hatte Junkers seine Turbinenproduktion in ein System unterirdischer Gänge verlegt, wo es ihm gelang, monatlich etwa 300 Jumo-004B-Strahlturbinen auszustoßen, gerade so viele, wie Messerschmitt brauchte, um die von ihm produzierten Flugzeuge auszurüsten. Bau und Montage der Flugzeugteile fanden inzwischen ebenfalls in Anlagen statt, in denen man sie schwer ausmachen konnte – versteckt in Höhlen und Wäldern und in so harmlos aussehenden Gebäuden wie einer zweckentfremdeten bayerischen Schuhfabrik. In diesen getarnten Werken nieteten Arbeiter Aluminiumblech auf die Stahlgerippe von Tragflächen, montierten Ruderflächen an Leitwerke und transportierten die Teile zur Endmontage in andere versteckte Produktionsanlagen. Fertige Flugzeuge starteten von nahen Autobahnen, die Hitler des schnelleren Transports von Nachschub und Truppen wegen kreuz und quer durch Deutschland hatte bauen lassen, zu ihren Erprobungsflügen. Dank dieser Flexibilität konnten 1944 im November und Dezember 101 beziehungsweise 124, 1945 im Januar und Februar 160 beziehungsweise 280 Düsenflugzeuge an die Luftwaffe ausgeliefert werden.

In der Zwischenzeit verbesserte das Erprobungskommando in Lechfeld seine Taktik und erweiterte seine Erfahrung im kriegsmäßigen Einsatz. Als sein erster Kommandeur, Hauptmann Werner Thierfelder, bei einem Absturz ums Leben kam, übernahm einer der erfolgreichsten Jagdflieger Deutschlands, Major Walter Nowotny, das Kommando. Der 23jährige Wiener war ein Mann von ungewöhnlichem Charme, der in der Luft über den Jagdinstinkt eines Falken verfügte.

Nowi, wie ihn seine Piloten nannten, stürzte sich mit der ihm eigenen Energie in seine neuen Aufgaben. Für ihn war die Me 262 Deutschlands größte Hoffnung im Kampf gegen die Niederlage. Anfang Herbst wurde das Kommando Nowotny, wie es inzwischen genannt wurde, mit 23 Düsenjägern auf die Feldflugplätze Achmer und Hesepe unweit der holländischen Grenze beordert und bis auf 40 Maschinen verstärkt. Dort, an der Einflugschneise nach Deutschland, sollte es die amerikanischen

Major Wolfgang Schenk, einer der erfolgreichsten Kampfpiloten der Luftwaffe, stellte mit den als Jäger konzipierten, auf Hitlers Befehl aber als Jagdbomber gebauten Me 262 das Bomberkommando Edelweiß auf. Schenks 15 Maschinen starkes Kommando wurde im August 1944 bei Orléans stationiert, war aber zu klein, um den Vormarsch der alliierten Truppen behindern zu können; es wurde dann nach Deutschland zur Reichsverteidigung zurückverlegt.

Major Walter Nowotny war mit 258 Luftsiegen einer der besten deutschen Jagdflieger – und einer von nur 27 Männern, die mit dem Eichenlaub mit Schwertern und Brillanten zum Ritterkreuz des Eisernen Kreuzes ausgezeichnet wurden. Im Juli 1944 erhielt er das Kommando über den ersten reinen Me-262-Jagdverband. Mit Nowotny, der vier Monate später abgeschossen wurde, verlor Deutschland nach den Worten Gallands „den besten jungen Mann, den es hatte".

Bomber bekämpfen, ein David gegen Goliath mit den wenigen Me 262, die es dem Gegner entgegenwerfen konnte.

Gleich am ersten Tag des Feldeinsatzes verlor das Kommando Nowotny zwei von vier gestarteten Maschinen. Sie fielen einer Taktik zum Opfer, die darin bestand, den Düsenjägern bei Start oder Landung aufzulauern. Der erste, der die später so genannte „Rattenfänger"-Taktik anwendete, war ein P-51-Pilot, der den Feldflugplatz Achmer in großer Höhe überflog und zwei Me 262 auf die Startbahn rollen sah. „Ich wartete, bis sie in der Luft waren", berichtete er hinterher, „bevor ich mit meinen Kameraden zum Angriff überging." Unmittelbar nach dem Abheben waren die Düsenflugzeuge nicht einmal halb so schnell wie die Mustangs. Auf 400 Meter Entfernung an die hintere Me 262 herangekommen, eröffnete der Amerikaner das Feuer; dann war er auch schon an seinem Ziel vorbei. „Als ich mich umdrehte", fuhr er in seinem Bericht fort, „sah ich eine orangerote Stichflamme etwa 300 Meter in die Höhe schießen." Unmittelbar darauf hatte er die führende Me 262 im Zielgerät. Von den Salven getroffen, flog die Haube vom Cockpit, und die Me stürzte trudelnd ab. Am selben Tag wurde der Abschuß einer dritten Me 262 gemeldet, auf deren Konto allerdings eine der drei B-24 ging, die die Strahljäger vom Himmel holten.

Im ersten Monat ihrer Stationierung in Achmer meldete Nowotnys Kommando 19 Abschüsse, mußte aber für jeden Luftsieg den Verlust einer Me 262 hinnehmen, oftmals als Folge von Unfällen. Die Bugradfahrwerke waren den Belastungen bei der Landung häufig nicht gewachsen (Messerschmitts Entwürfe waren für die Schwäche ihrer Fahrwerke bekannt), oder die Triebwerke fingen Feuer, wenn die Leistungshebel zu schnell vorgeschoben wurden. Andere Flugzeuge gingen auf mit Bombenkratern übersäten Start- und Landebahnen oder aufgrund unzulänglicher Wartung zu Bruch. An Ersatzteilen herrschte Mangel, und das Bodenpersonal war mit den Strahlturbinen noch nicht genügend vertraut.

War ein Me-262-Pilot mit einer einwandfreien Maschine jedoch einmal in der Luft, hatte er gute Chancen, seinen Einsatz sicher und erfolgreich zu beenden. Dank der überlegenen Geschwindigkeit seines Flugzeugs konnte er so schnell angreifen, daß die Bordschützen in den Bombern alle Mühe hatten, ihn im Fadenkreuz zu behalten. Sein Angriff war darüber hinaus so schnell wieder vorbei, daß die Begleitjäger in Sekundenschnelle reagieren mußten; das Düsenflugzeug zu verfolgen war in der Regel sinnlos.

Seine ganze Überlegenheit nutzte einem Me-262-Piloten jedoch nichts, wenn er sich von alliierten Jägern ausmanövrieren ließ. Am 1. November befand sich Unteroffizier Willi Banzhaff, einer von Nowotnys Piloten, auf einem Alleinflug, als er eine B-17-Formation aus dem Ruhrgebiet zurückkehren sah, wo sie Hydrieranlagen bei Gelsenkirchen bombardiert hatte. Banzhaff flog in rund 11 000 Meter Höhe und hatte die Bomber mit ihrem Begleitschutz aus Mustangs und Thunderbolts fast 2000 Meter unter sich. Die Voraussetzungen für einen Angriff waren vorzüglich. Er durchstieß den Jagdschirm, bekam eine P-51 ins Visier und feuerte. Die Mustang geriet augenblicklich in Brand. Dann stürzte sich Banzhaff auf die Bomber – und befand sich bald in einer schwierigen Situation.

Als er hinter den B-17 abfing, stieß ein Schwarm Mustangs und Thunderbolts auf ihn herab. Banzhaff ging wieder in den Sturzflug über, um Fahrt aufzuholen. In etwa 3000 Meter Höhe riß er die Maschine in einer Kehrtkurve hoch. Er beabsichtigte, seine Verfolger im Kurven- und Steigflug abzuhängen. Aber das war sein Fehler. Die amerikanischen Jäger waren ihm an Steiggeschwindigkeit sicherlich unterlegen, aber sie konnten enger kurven als er und ihm den Weg abschneiden. Aus ihren Maschinengewehren des Kalibers 12,7 mm hagelte es ihm nur so entgegen. Die

Ein Horten-Nurflügelflugzeug mit festem Fahrwerk, aus dem die Go 229 entstand, gleitet 1944 bei einem Erprobungsflug pfeilartig durch die Luft.

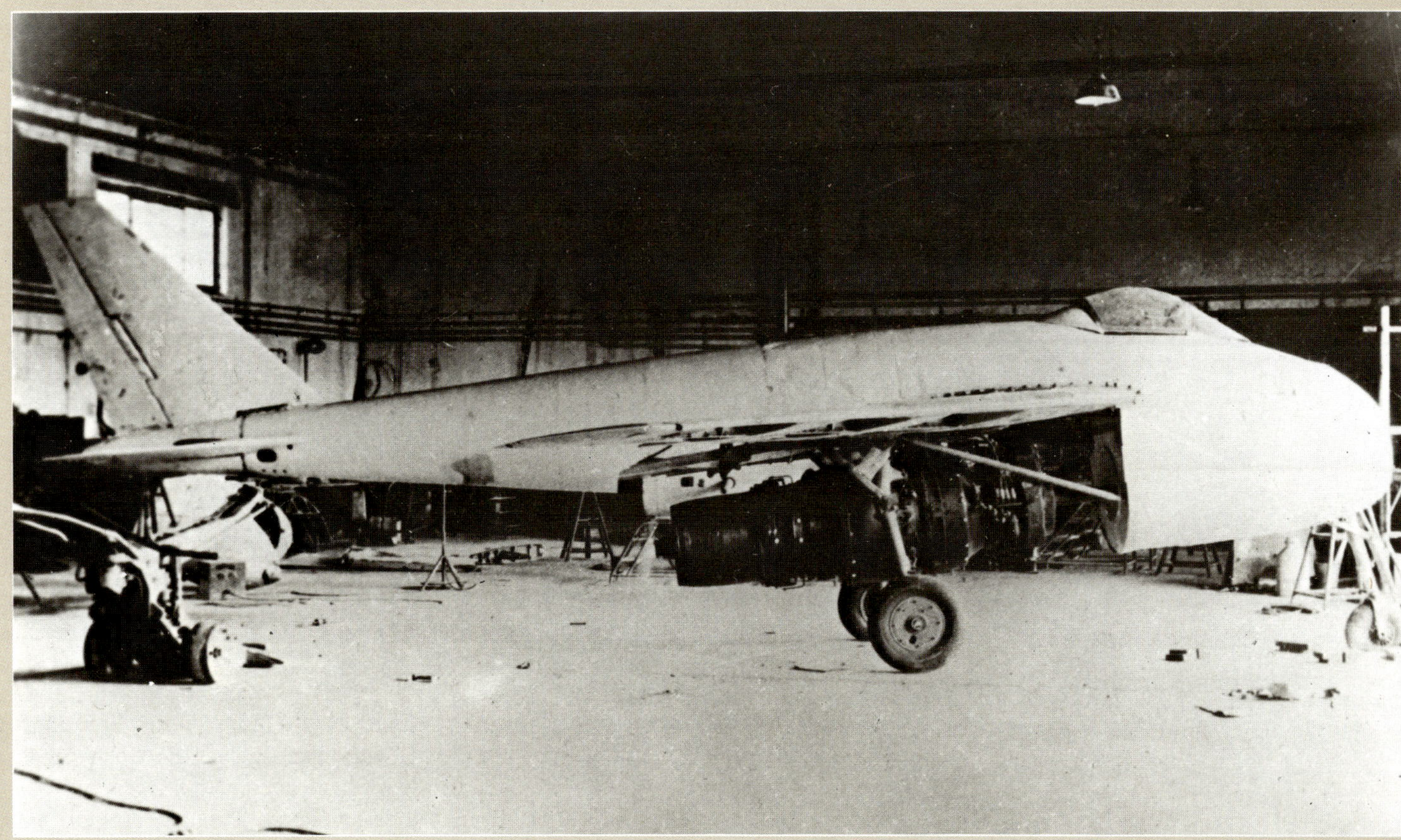

Die 1945 erbeutete, halbfertige P 1101 wurde in die Vereinigten Staaten verschifft. Sechs Jahre später gab es einen amerikanischen Nachfolger, die Bell X-5.

Zukunftweisende deutsche Entwicklungen

In dem fieberhaften Bemühen, eine Wunderwaffe zu entwickeln, bauten deutsche Ingenieure drei Flugzeuge, die ihrer Zeit in erstaunlicher Weise voraus waren.

Das Nurflügelflugzeug Gotha Go 229 ging aus einem Gleiter *(links)* hervor. Seine Konstrukteure hofften, das widerstandsarme Nurflügelkonzept mit dem Turbinenantrieb zu einem Schnellstjäger verschmelzen zu können. Mit einem Versuchsmuster wurde 1945 eine Geschwindigkeit von über 800 Stundenkilometern erzielt. In den Vereinigten Staaten arbeitete man später bei Northrop an einem eigenen Nurflügelflugzeug mit Strahlantrieb, ließ das Projekt jedoch aufgrund unlösbarer Stabilitätsprobleme wieder fallen. Der technologische Fortschritt der letzten Jahre hat das Interesse an diesem Konzept inzwischen wieder aufleben lassen.

Bei der Ju 287 *(unten)* versuchten die Ingenieure, der Strömungsverdichtung bei hohen und der Stabilitätsprobleme bei niedrigen Geschwindigkeiten durch negativ statt positiv gepfeilten Flügeln Herr zu werden. Beim Bau der Maschine wurden Teile anderer Flugzeuge verwendet, unter anderem auch das Bugfahrwerk einer abgeschossenen amerikanischen Consolidated B-24. Die Ju 287 hatte 17 Erprobungsflüge hinter sich, als sie 1945 sowjetischen Truppen in die Hände fiel. Anscheinend erprobten die Russen das Flugzeug drei Jahre lang, bevor sie es abwrackten. Mehr als 30 Jahre später griffen Grumman-Ingenieure in den Vereinigten Staaten das Konzept wieder auf, als sie die X-29A konstruierten.

Die Messerschmitt P 1101 *(links unten)* war das erste Turbinenflugzeug der Welt mit veränderbarer Flächengeometrie. Sie befand sich bei Kriegsende allerdings noch im Bau. Dennoch fand das Konzept des Schwenkflügels in Amerika bei den Kampfflugzeugen F-14 und F-111 in den siebziger und dem B-1-Bomber in den achtziger Jahren Anwendung. Dasselbe gilt für eine ganze Generation sowjetischer Jagdflugzeuge.

Auf Rumpf und negativ gepfeilte Flügel der Ju 287 klebten deutsche Techniker Wollfadenbüschel, um die Strömung an der Maschine zu untersuchen.

Geschosse trafen eine Fläche und das Triebwerk. Er drehte ab und geriet genau in das Visier einer Thunderbolt. Eine Geschoßsalve traf das rechte Triebwerk und setzte es in Brand. Die Me 262 war nicht mehr manövrierfähig; Banzhaff brachte sich mit dem Fallschirm in Sicherheit.

Am 8. Oktober, eine Woche nach Banzhaffs glücklichem Entkommen, besuchte Galland in seiner Eigenschaft als General der Jagdflieger Achmer, um sich über mögliche Einsatzverbesserungen des Verbandes zu informieren. Als er und Nowotny beim Frühstück saßen, ertönte plötzlich Gefechtsalarm, der die Piloten zu ihren Flugzeugen rief. Über der Wolkendecke näherte sich unsichtbar ein B-17-Strom.

Nowotny stand auf, um ebenfalls zu seiner Maschine zu eilen, doch Galland hielt ihn zurück. „Ich brauche Sie hier im Hauptquartier zur Koordinierung der Einsätze", sagte er. „Sie können heute nicht fliegen." Nowotny schluckte seine Enttäuschung hinunter und ging zurück in den Einsatzraum, um das Kampfgeschehen am Funkgerät zu verfolgen.

Die erste Düsenjäger-Formation stieg auf, dann die zweite. In das Bellen der 30-mm-Kanonen, das aus der Wolkendecke nach unten drang, mischte sich das Krachen der Fliegerabwehrkanonen und das Rattern der amerikanischen Maschinengewehre. Wenige Minuten später kamen die ersten Verlustmeldungen. Eine Me 262 hatte eine Bruchlandung gemacht, eine andere sendete nicht mehr – vermutlich war sie ebenfalls getroffen.

Nowotny hielt es nicht länger aus. „Herr General, ich fliege", sagte er. Bevor Galland ihn aufhalten konnte, saß er auch schon am Steuer seines Stabswagens und brauste über den mit Bombenkratern übersäten Platz zu seiner Me 262. Ein paar Minuten später stieg er steil in den Himmel.

Nowotnys Stimme, die den Befehl zum Angriff auf die nächste Bomberformation erteilte, übertönte das Rauschen im Funksprechgerät im Einsatzraum. Er meldete einen Abschuß, und Trümmer einer B-17 regneten auf

Eine Gloster Meteor bringt eine V-1, die 850 Kilogramm Sprengstoff trägt, aus ihrer Bahn.

Meteor contra V-1

Im Juli 1944 erhielt die britische Luftwaffe sieben Gloster Meteor, Großbritanniens erste Düsenjäger. Sie wurden eingesetzt, um die deutschen V-1-Flugkörper zu bekämpfen, die täglich mit einer Geschwindigkeit zwischen 500 und fast 700 Stundenkilometern auf London zurasten. Doch während die bis zu 885 Stundenkilometer schnelle Meteor die unbemannten Geschosse einholen konnte, verhinderte die Unzuverlässigkeit ihrer Waffen oft deren Abschuß.

Es war der Meteor-Pilot T. D. Dean, der am 4. August den ersten Luftsieg eines alliierten Düsenjägers errang – allerdings nicht mit Hilfe seiner 20-mm-Bordkanone. Als Dean merkte, daß er Ladehemmung hatte, manövrierte er sein Flugzeug neben die V-1, schob ein Flügelende unter das des Flugkörpers und ging in Querlage. Auf diese Weise brachte er die V-1 zum Absturz.

den Feldflugplatz nieder. In kurzer Folge kamen zwei weitere Siegmeldungen, dann wieder Nowotnys Stimme. „Ich bin getroffen“, rief er.

Galland und die anderen rannten aus dem Einsatzraum auf den Platz hinaus. Durch ein Loch in den Wolken sah man eine angeschossene Me 262 herabstürzen, gefolgt von zwei Mustangs. Aus der Cockpitkanzel flatterte eine weiße Stoffahne – ein halb geöffneter Fallschirm. Dann ging die Maschine abrupt in einen steilen Sturzflug über und fiel wie ein Stein vom Himmel, den Fallschirm hinter sich herschleppend. Es folgte ein helles Pfeifen, dann eine Explosion, als die Maschine am Boden zerschellte.

Als die Rettungsmannschaft die qualmenden Metalltrümmer durchsuchte, stieß sie auf eine verkohlte Hand und einen Teil des Ritterkreuzes mit Brillanten. Es war alles, was von Major Nowotny geblieben war.

Nach dem Tode Nowotnys wurde der Verband in Achmer aufgelöst. Die wenigen verbliebenen Piloten kehrten nach Lechfeld zurück. Während ihrer Einsätze hatten sie 26 Flugzeuge verloren, aber wertvolle Erkenntnisse über Stärken und Schwächen sowie die taktischen Möglichkeiten der Me 262 gewonnen – Erkenntnisse, die sich der Kern einer neuen Düsenjägereinheit, das Jagdgeschwader 7, bald zunutze machte. Piloten, die zuvor nach kürzester Einweisung in die Eigenarten des Düsenjägers zum Einsatz gekommen waren, erhielten von nun an eine 35stündige Umschulung auf den Jet. Das reichte zwar immer noch nicht, zumal nur wenige Piloten die 35 Stunden tatsächlich absolvierten, stellte aber einen unvergleichlichen Fortschritt gegenüber der Art und Weise dar, in der das Kommando Nowotny in den Kampf geschickt worden war.

Mit der zahlenmäßigen Vergrößerung des Jagdgeschwaders 7 ging eine systematische Verbesserung der Taktiken einher. Unter anderem wurde die Standard-Angriffsformation der Luftwaffe aufgegeben, der aus vier Flugzeugen bestehende Schwarm, bei dem jeweils zwei Flugzeuge oder Rotten paarweise zusammen flogen. Die beiden Flugzeuge der vorausfliegenden Rotte wurden durch die etwas höher fliegende zweite Rotte gedeckt. Die Einhaltung dieser Formation erforderte ständige Geschwindigkeitsanpassungen. Genau die aber erwiesen sich als sehr riskant, da die Jumo-004B-Turbinen dazu neigten, in Einsatzhöhen bei abrupten Leistungsveränderungen auszusetzen. Infolgedessen entwickelten die Düsenjägerpiloten eine offene V-Formation aus drei Flugzeugen, bei der die Abstimmung der Geschwindigkeit aufeinander weniger kritisch war. Im Luftkampf hatten die Piloten dieser Formation es zwar schwerer, sich gegenseitig im Auge zu behalten; aber dank der Fähigkeit des Jets, praktisch jedem gegnerischen Flugzeug davonzuziehen, waren sie in der Regel durchaus in der Lage, auf sich selbst aufzupassen.

Die Piloten des Jagdgeschwaders 7 stellten außerdem fest, daß sie mit ihren Düsenjägern gegen die Bomber anders vorgehen mußten als die Jagdflieger der Luftwaffe, die Propellerflugzeuge flogen. Letztere bevorzugten den Frontalangriff mit Konzentration auf die Schwachstelle der Bomber, die glasverkleidete Rumpfnase. Mit einem Düsenjäger hätte dies eine Annäherungsgeschwindigkeit von etwa 1300 Stundenkilometern und nur den Bruchteil einer Sekunde Zeit zum Zielen und Feuern bedeutet. Die Me-262-Piloten griffen statt dessen in Dreierformationen von hinten an. Im seitlichen Abstand von 150 Metern flogen sie aus einer Entfernung von etwa fünf Kilometern und einer Überhöhung von etwa 1500 Metern an und „überraschten“ den Jägerschutzschirm, den sie mit einer Geschwindigkeit von 800 Stundenkilometern und mehr durchstießen. Etwa 150 Meter unter den Zielen fingen sie ab und zogen wieder hoch, um die Annäherungsgeschwindigkeit auf 500 Stundenkilometer zu reduzieren und den Bomberverband zu durchstoßen, während sie Rumpfunterseite und Hecksektion der Flying Fortresses und Liberators mit Kanonengarben durchsiebten. Nach dem Angriff setzten sie sich oberhalb des Verbandes ab; unter den Bombern zu bleiben, wäre wegen der herabfallenden brennenden Teile selbstmörderisch gewesen. Dann kehrten sie entweder im weiten Bogen zurück und wiederholten das Manöver, oder sie flogen, wenn ihr Treibstoff zur Neige ging, zu ihren Flugbasen zurück.

Mit diesen Kampftaktiken vertraut, erzielten die Staffeln des Jagdgeschwaders 7, die auf verschiedenen Basen in Deutschland verteilt lagen, bald beachtliche Erfolge. Die III. Gruppe des JG 7 schoß monatlich etwa 100 alliierte Flugzeuge ab, obwohl ihr nie mehr als 30 einsatzfähige Maschinen zur Verfügung standen. Bis Kriegsende meldete sie insgesamt 427 Luftsiege, eine Zahl, die von den Alliierten bei späteren Analysen der Luftkämpfe allerdings bestritten wurde.

Am 18. März 1945 näherte sich ein von mehr als 600 Jägern begleiteter Bomberverband aus 1200 Flying Fortresses Berlin – eine der größten Luftflotten der Geschichte. Siebenunddreißig Me 262 warfen sich ihnen entgegen und schossen – trotz ihrer zahlenmäßigen Unterlegenheit von fast 50 zu 1 – acht Bomber und einen Jäger ab. Der Erfolg wurde allerdings mit dem Verlust von vier Me 262 bezahlt.

Bei diesem Einsatz kam erstmalig eine neue Bordwaffe zum Einsatz, die noch tödlicher war als die 30-mm-Kanonen. Es handelte sich um R4M-Raketen *(S. 30)*, von denen jeder Düsenjäger 24 Stück trug und die ausreichend Sprengwirkung hatten, einen Bomber zu vernichten. Am 4. April griff Leutnant Fritz Müller einen Liberator-Verband an. „Ich feuerte sämtliche Raketen ab", berichtete er später. „Die Treffer saßen in Rumpf und Tragfläche eines der Bomber, der mitten in der Formation flog. Er bäumte sich nur kurz auf und stürzte dann ab."

Inzwischen hatte sich die Lage so zugespitzt, daß Düsenjäger, Waffen und Luftsiege kaum noch zählten. Bei all ihrer unbestrittenen Überlegenheit konnte die Me 262 gegen das erdrückende Gewicht der alliierten Luftmacht so gut wie nichts ausrichten. Am Ende, als sich die Schlinge um die Reste des Großdeutschen Reichs enger zog, war sie eigentlich nur noch ein viel beschworenes Zauberwort, das von zerschlagenen Hoffnungen und ungebrochenem Stolz kündete. Die Armeen Großbritanniens und der Vereinigten Staaten hatten den Rhein bereits überquert. Die Russen überschritten die Oder und näherten sich der Umgebung Berlins.

Trotz des nahen Kriegsendes flog die Me 262 weiter. Unter all den Düsenjägereinheiten tat sich eine Gruppe besonders hervor, der ein kurzer, strahlender Ruhm beschieden sein sollte. Es handelte sich um den Jagdverband 44, der im April 1945, einen Monat vor der Kapitulation Deutschlands, in Aktion trat. Seine 50 Piloten waren kampferprobte Veteranen – Jagdflieger, die am Steuer von Propellermaschinen zusammen über 1000 Abschüsse vorweisen konnten. Oberst Steinhoff beispielsweise hatte 170, Oberstleutnant Heinz Bär 204 Luftsiege errungen. Fast alle Angehörigen des Jagdverbands 44 besaßen das Ritterkreuz. Geführt wurden sie vom entschiedensten Verfechter des Düsenjägers in der Luftwaffe, Generalleutnant Galland.

Im Januar desselben Jahres war Galland seiner Stellung als General der Jagdflieger enthoben worden. Er hatte sich zu oft im Widerspruch zu Hitler und Göring befunden. Um ihn zu beschäftigen und aus dem Wege zu schaffen, hatte man ihm freie Hand gegeben, als Generalleutnant seinen eigenen Frontverband aufzustellen. Nichts lag Galland mehr. Er suchte die Namenslisten der verschiedenen Staffeln nach den erfolgreichsten Piloten durch und holte sogar verwundete alte Kameraden aus ihren Lazarettbetten. Auf dem Fliegerhorst Brandenburg-Briest vor den Toren Berlins ließ er

Der von Heinkel entwickelte einstrahlige Volksjäger He 162 fällt durch die unorthodoxe Anbringung des Triebwerks über dem Rumpf auf. Eben diese Anordnung aber ermöglichte es, bei der Fertigung Zeit zu sparen und den Prototyp, bei dem Flächen, Leitwerk und die Bugverkleidung aus Holz bestanden, Ende 1944 in nur 69 Tagen zu bauen. Von den 116 Flugzeugen dieses Typs, die bis Kriegsende noch gebaut wurden, kam allerdings kein einziges mehr zum Einsatz.

sie im Schnellverfahren auf den Düsenjäger umschulen. Weder Galland noch seine Männer glaubten, den Ausgang des Krieges beeinflussen zu können. „Das Zauberwort ‚Turbo' hatte sie zusammengebracht", erklärte Galland später, „um noch einmal ‚die große Fliegerei' zu erleben."

Nach München-Riem verlegt, kämpfte der Jagdverband 44 mit all den Schwierigkeiten, die im Reich längst an der Tagesordnung waren – Flugzeuge, Ersatzteile und Treibstoff waren knapp, mit der Wartung klappte es vorn und hinten nicht, und der Flugplatz lag nahezu ununterbrochen unter dem Angriff der Alliierten. Dennoch war der Kampfgeist der Piloten ungebrochen. „Wir können jetzt nichts anderes mehr tun als fliegen, kämpfen und bis zuletzt als Jagdflieger unsere Pflicht erfüllen", heißt es in Gallands Erinnerungen. Und die Veteranen, die den Kampf aufnahmen, fügten der Liste ihrer Luftsiege weitere an. Einer nach dem anderen erwies sich mit fünf oder mehr Abschüssen auch auf dem Düsenjäger als Flieger-As. Oberstleutnant Bär brachte es in den letzten Wochen des Krieges auf nicht weniger als 16 Luftsiege.

Doch die Zeit ließ sich nicht aufhalten. Alliierte Flugzeuge belegten die Pisten von Riem regelmäßig mit Bombenteppichen. Tausende von Arbeitern wurden aufgeboten, um die Trichter auf Start- und Landebahnen aufzufüllen, die ebenso schnell entstanden, wie man sie beseitigte. Die Maschinen waren einzeln und gut getarnt in der Umgebung des Platzes abgestellt, aber das „Herausholen der Turbos und ihr Start wurden immer schwieriger und das Gelingen schließlich nur noch eine Frage des glücklichen Zufalls", wie Galland später schrieb.

Am 26. April führte Galland sechs Me 262 gegen einen B-26-Verband, der von Norden auf München zuflog. Galland näherte sich den zweimotorigen mittleren Bombern auf Gegenkurs, passierte über sie hinweg und kehrte um, um sie in bewährter Manier von hinten anzugreifen.

Aus den Heckgeschützen der Feindflugzeuge blitzte unheilvolles Mündungsfeuer, als Galland den Sicherungshebel seiner Raketen und 30-mm-Kanonen betätigte. Gespannt richtete er die Raketen auf eine Marauder der letzten Kette. „In bester Schußposition", schrieb er, „auf den Meter genau gezielt und den Daumen auf dem Auslöseknopf erfolglos platt gedrückt – das verärgert Jagdflieger aller Dienstgrade." Er hatte vergessen, daß die Raketen durch einen zweiten Schalter gesichert waren.

Ein dummer Fehler, doch er ließ sich wieder gutmachen. Seine Kanonen funktionierten, und in ihrem Feuer sah er den Bomber explodieren. Kurz darauf hatte Galland die Spitze der Formation eingeholt und deckte einen der vorderen Angreifer mit Geschossen ein. Der Gegner schien tödlich getroffen, und Galland ging in eine steile Linkskurve, um sich zu vergewissern, daß er tatsächlich abstürzte.

Das war Gallands zweiter Fehler. Im Eifer des Gefechts hatte er nicht bemerkt, daß ein Thunderbolt-Verband das Geschehen aus großer Höhe beobachtete. Nun stürzten sie sich auf den verwundbaren Düsenjäger. „Ein Feuerhagel deckte mich ein", schrieb Galland. „Ein harter Schlag trifft mein rechtes Knie. Das Armaturenbrett ... ist zertrümmert. Ein weiterer Treffer sitzt in der rechten Turbine. Ihre Verkleidungsbleche lösen sich im Fahrtwind und fliegen zum Teil davon. Auch die linke Turbine ist getroffen. Das Flugzeug ist kaum noch in der Luft zu halten."

Galland unterdrückte den dringenden Wunsch auszusteigen, da er befürchtete, am Fallschirm abgeschossen zu werden. Statt dessen stellte er fest, daß er den zerschossenen Jäger bedingt steuern und nach Riem zurückbringen konnte. In wenigen Minuten hatte er, eine Rauchfahne hinter sich herziehend, den Platz erreicht. Doch als er zum Landeanflug ansetzte, merkte er, daß sich eine Turbine durch den Gashebel nicht mehr reduzieren ließ. Um Fahrt aufzugeben, drehte er die Treibstoffzufuhr zu beiden Triebwerken ab und schwebte ein. Erst in diesem Moment erkannte er, daß der Flugplatz von einem Mustang-Verband im Tiefangriff bearbeitet wurde. Mit stehenden Triebwerken blieb Galland gar keine andere Wahl, als die Landung durchzuführen. Eine Ewigkeit schien zu vergehen, bis die Bremsen das Flugzeug zum Stehen brachten. Galland sprang aus dem Cockpit und in die relative Sicherheit des nächsten Bombentrichters.

Es war Gallands letzter Einsatz; Geschoßsplitter im Knie zwangen ihn, sich in ein Lazarett in München zu begeben. Der Jagdverband 44, nach Salzburg zurückverlegt, kämpfte noch eine Woche weiter, bis amerikanische Panzer rasselnd auf den Platz rollten. Während ihres kurzen Bestehens hatte die Einheit über 50 Luftsiege errungen.

So eroberten die Alliierten die letzten Zufluchtstätten des ersten strahlgetriebenen Militärflugzeugs der Welt, eine nach der anderen. Ein Teil der Maschinen fiel ihnen intakt am Boden in die Hände; andere brannten, von ihren Piloten mit Benzin übergossen und angezündet. Ein letzter Teil wurde erst Wochen nach Beendigung der Kämpfe in bayerischen Waldlichtungen entdeckt. Sie schienen auf ihre Übernahme durch Geisterstaffeln der Luftwaffe zu warten, erschütternd und schicksalhaft zugleich: eine funkelnagelneue Waffe, die zu spät gekommen war. Die meisten Angehörigen der alliierten Erdkampftruppen hatten von der Existenz der Düsenflugzeuge noch nie etwas gehört. Nur wenige dürften erkannt haben, daß die Maschinen, die sie dort verlassen im Wald stehen sahen, Vorboten eines neuen waffentechnischen Zeitalters waren.

Ein Amerikaner, der diese Ahnungslosigkeit zum Ausdruck brachte, war der Wirtschaftswissenschaftler John Kenneth Galbraith, der mit den Besatzungstruppen nach Deutschland gekommen war, um die Auswirkungen der alliierten Bombenangriffe auf die deutsche Industrie zu analysieren. Bei seiner Rundreise kam Galbraith eines Tages auch zu einem Autobahnabschnitt, den die Deutschen in einen Flugplatz umfunktioniert hatten. „In Sackgassen, die von der Straße abführten, standen seltsame Flugzeuge", berichtete er später, „schlank und ohne Propeller. Man fragte sich, ob sie etwa ohne Motoren ausgeliefert worden waren."

Ein amerikanischer Militärbeauftragter nimmt in einer Me-262-Werft, die kurz vor Kriegsende von den Alliierten bombardiert wurde, Bestand auf.

"MIG ALLEY" 200 MILES

2

Bewährung auf der Straße der MiGs

Auf dem Flughafen von Kimpo bei Seoul, der Hauptstadt der Republik Südkorea, drängten sich todmüde, angstverstörte Europäer. Die ersten waren schon vor Morgengrauen hier eingetroffen – Frauen und Kinder von Armeeangehörigen, Botschaftspersonal mit ihren Familien sowie etliche Missionare und Geschäftsleute. Von Norden drang das Grollen von Artilleriefeuer herüber.

Alles war so schnell gegangen. Nur zwei Tage zuvor, am 25. Juni 1950 – Sonntagmorgen um 4 Uhr –, hatten die Truppen des kommunistischen Nordkorea entlang der gut 300 Kilometer langen Grenze zwischen den beiden Ländern angegriffen. Die Offensive der Kommunisten, über 100 000 Mann stark, erfolgte völlig überraschend und mit solcher Heftigkeit, daß die südkoreanischen Truppen hoffnungslos überrannt wurden.

Die Unruhe der Flüchtlinge in Kimpo wuchs, je länger sie auf die C-47- und C-54-Transporter der amerikanischen Luftwaffe warten mußten, die sie nach Japan bringen sollten. Die Evakuierung dauerte quälend lange. Kaum daß ein bis auf den letzten Platz besetztes Flugzeug gestartet war, strömten neue Menschenmassen nach.

Kimpo war am ersten Tag des Krieges bombardiert worden, und der nächste Angriff stand jederzeit zu befürchten. Bei diesem ersten Überfall hatten zwei nordkoreanische Jagdflugzeuge des propellergetriebenen sowjetischen Typs Yak-9 den Platz im Tiefflug angegriffen, den Kontrollturm zerstört, eine auf dem Vorfeld abgestellte amerikanische C-54 durchsiebt und ein nahe gelegenes Treibstofflager in Brand geschossen. Vier andere Yaks hatten sich einen angrenzenden Platz vorgenommen, der von der kleinen südkoreanischen Luftwaffe genutzt wurde. Von ihren Maschinen, ausschließlich Schulflugzeuge, waren sieben beschädigt worden.

Über dem Platz patrouillierten jetzt Jäger der 5. amerikanischen Luftflotte, die von ihren Stützpunkten in Japan herübergekommen waren. In etwa 3000 Meter Höhe flogen einige Jäger vom Typ F-82 Twin Mustang, des letzten propellergetriebenen Flugzeugmusters, das die amerikanische Luftwaffe erworben hatte. Über ihnen kreisten vier F-80 Shooting Stars, die ersten amerikanischen Düsenjäger, die zum Einsatz kamen.

Gegen Mittag näherten sich von Seoul her fünf tieffliegende Yaks, deren Piloten die F-82 entweder nicht sahen oder ignorierten. Auf jeden Fall leiteten sie einen langen, flachen Sinkflug auf Kimpo ein. Die F-82 stürzten herab, und im Nu entstand ein turbulenter Luftkampf. Als er nach knapp fünf Minuten vorüber war, hatten die Amerikaner drei Yaks abgeschossen und die beiden übrigen vertrieben.

Etwa eine Stunde später unternahmen die Nordkoreaner einen zweiten Versuch. Acht Il-10 Schturmowiks, kolbenmotorgetriebene Schlachtflugzeuge sowjetischer Herkunft, röhrten auf Kimpo zu und wurden von vier Shooting Stars in Empfang genommen. Hauptmann Raymond Schillereff zielte auf eine Schturmowik, feuerte aus seinen Maschinenkanonen des Kalibers 12,7 mm eine Garbe ab und beobachtete, wie sein Gegner in ein

Durch ein fernöstliches Tor auf dem Flugplatz Kimpo bei Seoul gehen zwei amerikanische Piloten zu ihren F-86 Sabre. Ein Schild nennt das Ziel, das sie erwartet: MiG Alley, an der nordkoreanisch-chinesischen Grenze gelegen und so bezeichnet wegen der in der Sowjetunion gebauten Jäger, die die Amerikaner dort in die ersten großen Luftkämpfe des Jet-Zeitalters verwickelten.

Reisfeld trudelte. Hinter ihm kam Leutnant Robert Wayne, der den zweiten und dritten Abschuß erzielte. Leutnant Robert Dewald brachte eine vierte Maschine zum Absturz. Die übrigen Schturmowiks zogen es vor, den Flughafen unbehelligt zu lassen, und suchten das Weite. Es war das erste Mal, daß die amerikanischen Düsenjäger sich im Ernstfall bewähren mußten, und sie hatten im Handumdrehen vier Luftsiege errungen.

Wenige Tage nach der Invasion rief der Sicherheitsrat der Vereinten Nationen seine Mitglieder auf, Truppen zu entsenden, um den Aggressor hinter den 38. Breitengrad, die Grenze zwischen Nord- und Südkorea, zurückzudrängen. Präsident Truman gab seinem Fernost-Oberkommandierenden, General Douglas MacArthur, den Befehl, in die Kämpfe einzugreifen. Zu seiner Unterstützung wurde der Flugzeugträger *Valley Forge* als Kern eines internationalen Marine-Kampfverbandes in Marsch gesetzt. Großbritannien steuerte den Träger *Triumph* der Königlichen Marine bei. „Wir müssen diesen Kerlen das Handwerk legen, koste es, was es wolle", erklärte Präsident Truman. Niemand bezweifelte, daß die „Polizeiaktion", wie die Antwort der Vereinten Nationen auf den nordkoreanischen Überfall bezeichnet wurde, gelingen würde. „Wenn erst die 5. Luftflotte mitmischt", meinte ein Offizier der amerikanischen Luftwaffe grimmig, „gibt es in der Republik bald keinen Nordkoreaner mehr."

Aber es sollte anders kommen. Der schreckliche Krieg, von dem aufgrund des unerschöpflich scheinenden Menschenpotentials, über das die Kommunisten verfügten, kein Fleckchen der koreanischen Halbinsel verschont blieb, sollte sich drei Jahre lang hinziehen. Sechzehn Mitgliedstaaten der Vereinten Nationen – von den Vereinigten Staaten und Kanada bis zu Australien und Thailand – entsandten Truppenkontingente, ohne daß sie zahlenmäßig je die Stärke des Gegners erreicht hätten. Und während die Infanterie um jeden Fußbreit schlammigen Bodens kämpfte, fochten darüber Piloten beider Seiten den Kampf um die Erringung der Luftherrschaft erstmals in der Geschichte mit Strahlflugzeugen aus.

Mit der Entwicklung eigener Strahlflugzeuge hatten sich die Vereinigten Staaten verhältnismäßig viel Zeit gelassen. Erst am 1. Oktober 1942, geraume Zeit nach der Messerschmitt Me 262 in Deutschland und der Gloster Meteor in Großbritannien, absolvierte das erste amerikanische Düsenflugzeug, die von der Bell Aircraft Corporation gebaute zweistrahlige XP-59 Airacomet, seinen Jungfernflug. Die unter strenger Geheimhaltung entwickelte – und zur Irreführung ausländischer Agenten mit Propellerattrappen ausgerüstete – Airacomet enttäuschte. Mit ihrer Höchstgeschwindigkeit von 665 Stundenkilometern war sie nicht schneller als die propellergetriebenen Jagdflugzeuge der amerikanischen Luftwaffe.

Etwa neun Monate nach dem Debüt der XP-59 begannen bei der Lockheed Aircraft Corporation die Arbeiten an einem anderen Jet-Projekt. Nach 143 Tagen konzentrierter Anstrengung brachte das Unternehmen am 9. Januar 1944 die mit einem Strahltriebwerk ausgerüstete F-80 Shooting Star heraus, die es mit Leichtigkeit auf 900 Stundenkilometer brachte. Eine „frisierte" Version sollte mit 1003,9 Stundenkilometern sogar einen neuen Geschwindigkeitsrekord aufstellen.

Die im Frühjahr 1945 in Serie gegangene Shooting Star erwies sich als ein erstaunlich vielseitiges Flugzeug. Mit sechs im Bug eingebauten Maschinengewehren des Kalibers 12,7 mm und Aufhängungen für 16 panzerbrechende Raketen an den Flächen sowie zwei 450-Kilo-Bomben oder abwerfbaren 1000-Liter-Zusatztanks ließ sie sich beliebig einsetzen – als Abfangjäger, als Begleitjäger für schwere Bomber und als Jagdbomber. Die amerikanische Luftwaffe kaufte insgesamt 2000 Flugzeuge dieses Typs.

Ein Fangkabel bremst eine F2H-2 Banshee ab, die vom Einsatz auf das Flugdeck des amerikanischen Trägers Essex zurückkehrt. Mit einer Spitzengeschwindigkeit von nur wenig über 900 Stundenkilometern hatte der Marine-Düsenjäger gegen die schnellere MiG-15 in den Luftkämpfen über dem Fluß Yalu keine Chance. Er wurde vorwiegend als Jagdbomber und zum Schutz der amerikanischen Flotte vor der koreanischen Küste eingesetzt.

Sechzehn Monate nachdem die erste serienreife F-80 vom Band rollte, stellte die Republic Aviation Company einen zweiten amerikanischen Düsenjäger vor, die leistungsstarke F-84 Thunderjet. Die in Korea eingesetzte Version der F-84 hatte eine Reichweite von rund 3000 Kilometern – eine beträchtliche Leistung für damalige Düsenflugzeuge – und fand daher, obwohl ursprünglich als Jagdbomber konzipiert, auch als Begleitjäger für Bomber Verwendung. Die Grumman Aircraft Engineering Corporation brachte schließlich fast zwei Jahre später ihre F9F Panther heraus, einen Jagdbomber für die Stationierung auf Flugzeugträgern der amerikanischen Marine. Im Bug der Panther waren vier 20-mm-Kanonen eingebaut; an Aufhängungen unter den Flächen trug sie sechs 12,7-cm-Raketen oder zwei 225-Kilo-Bomben. Die F9F hatte dank der Zusatz-Tanks an den Flächenenden eine Reichweite von 2170 Kilometern.

Shooting Star, Thunderjet und Panther bildeten ein Gespann, dem die nordkoreanische Luftwaffe in den ersten Kriegsmonaten wenig entgegenzusetzen hatte. Nach den glücklosen Angriffen auf Kimpo ließ sie, von der Stärke der 5. Luftflotte offenbar überrascht, ihre Yaks und Schturmowiks zwei Tage lang auf den Einsatzplätzen stehen, deren wichtigster bei Pyongyang, der Hauptstadt Nordkoreas, lag. Als aus Photos, die Aufklärer mitbrachten, hervorging, daß dort über 100 Jagdflugzeuge versammelt waren, starteten am 3. Juli amerikanische und britische Maschinen mit dem Auftrag, sie zu vernichten und den Platz unbrauchbar zu machen.

Der Angriff verlief exakt nach Plan. Vom Deck des Flugzeugträgers *Valley Forge* stiegen propellergetriebene Corsairs und Skyraiders auf. Der britische Träger *Triumph* setzte ebenfalls propellergetriebene Seafires und Fireflies in Marsch. Kurze Zeit später starteten auf der *Valley Forge* zwei schnellere düsengetriebene Panther-Staffeln, die sich mit den Propellerflugzeugen im Anflug auf das Ziel vereinen sollten. Die F9F Panther hatten dabei den Auftrag, zur Verteidigung aufsteigende Yaks auszuschalten.

Als die Panthers ankamen, eilten nordkoreanische Piloten zu ihren Maschinen, um den Angriff abzuwehren. Mehrere Yaks kamen in die Luft, darunter eine, die eben abhob, als sie von Oberleutnant z. S. Leonard Plog aufs Korn genommen wurde. „Ich ging in eine Rechtskurve und hängte mich dahinter", berichtete Plog. „Als ich schließlich in Schußposition kam, war er schon ziemlich hoch, rund 100 Meter."

Während Plog aufholte, zischten Leuchtspurgeschosse aus der 20-mm-Kanone einer zweiten Yak an seiner linken Schulter vorbei. Er zog steil hoch und sah die Leuchtspurgeschosse unter seiner Maschine passieren. In diesem Moment schloß Plogs Rottenflieger, Oberleutnant z. S. E. W. Brown, auf und brachte sich in Schußposition hinter die Yak. „Das nächste, was ich sah", erinnerte sich Plog, „war eine fürchterliche Explosion und Teile der Yak, die durch die Luft flogen." Es war der erste von einem amerikanischen Marine-Düsenjäger erzielte Abschuß.

Plog nahm die Verfolgung seines Gegners, den er vor sich hochziehen sah, wieder auf. „Ich verpaßte ihm zwei gutsitzende Treffer in die linke Tragfläche, die sofort wegbröckelte", berichtete er. „Die Yak kippte ab und schlug am Boden auf." Nachdem die Gefahr in der Luft gebannt war, begannen Plog und Brown im Verein mit anderen Panther-Piloten ihre Tiefangriffe auf den Flugplatz. Sie trafen zehn Flugzeuge, den Kontrollturm und einige Feuerwehrwagen, die ihrerseits ein kleines Treibstofflager in Brand setzten. Dann machten sie sich auf den Rückflug zur *Valley Forge.* Am nächsten Tag erfolgte ein weiterer Angriff auf den Platz, wieder eine gemeinsame Aktion von Panther, Corsair und Skyraider.

Diese und weitere Attacken reduzierten den Bestand der nordkoreanischen Luftwaffe von etwa 180 Militärflugzeugen auf kaum 18, ein Erfolg, der es ermöglichte, die Panthers der Marine zur Unterstützung der bedrängten UNO-Bodentruppen abzustellen und gemeinsam mit den Shooting Stars der 5. Luftflotte einzusetzen. Die nordkoreanischen Massen schienen unaufhaltbar. „Sie schlugen zu wie eine wütende Kobra", erklärte General MacArthur. In fünf Wochen hatten sie sich 400 Kilometer weit nach Süden vorgekämpft. Den Verteidigern war lediglich ein Brückenkopf von etwa 120 Kilometern Breite um die Hafenstadt Pusan im Südosten geblieben. Dort verschanzten sich MacArthurs Truppen. Mit Hilfe der amerikanischen Luftunterstützung waren sie zwar imstande, den „Ring von Pusan" zu halten; aber für einen Gegenstoß reichten ihre Kräfte nicht.

In Japan stationierte F-80-Staffeln flogen Angriffe auf nordkoreanische Stellungen. Ihre harten und gefährlichen Einsätze, bei denen ihnen aus unzähligen Kanonenrohren heftiges Abwehrfeuer entgegenschlug, verhinderten, daß die Nordkoreaner sich zu einem Entscheidungsstoß auf den Verteidigungsring massierten. Eines der wirksamsten von den F-80 mitgeführten Kampfmitteln war Napalm, das in zwei 50-Kilo-Behältern an den Bombenschlössern unter den Flächen mitgeführt wurde. Das aus geliertem Benzin-Kerosin-Gemisch bestehende Napalm verteilte sich beim Aufschlag am Boden über eine große Fläche und hüllte alles, was mit ihm in Berührung kam, in ein Flammenmeer, in dem die Temperaturen mehr als 1000 Grad erreichten.

Mit Raketen und Napalm ließen sich 70 000 nordkoreanische Soldaten, die Pusan umzingelten, vielleicht aufhalten, nicht aber zurückdrängen. Dazu bedurfte es eines neuen, kühnen Plans, und der kam von General MacArthur. MacArthur schlug vor, die Hafenstadt Inchon, rund 30 Kilometer westlich von Seoul und weit hinter den feindlichen Linien gelegen, von See her anzugreifen. Durch einen überraschenden Stoß in den Rücken des Gegners hoffte er, Seoul, Südkoreas Straßen- und Eisenbahnknotenpunkt, zurückzuerobern und den Nordkoreanern im Süden den Nachschub abzuschneiden. Der Plan enthielt beträchtliche Risiken, aber MacArthur war von dem Gelingen des Landungsversuchs überzeugt. „Es ist fünf Minuten vor zwölf", hielt er einem Skeptiker, dem Stabschef des Heeres,

General J. Lawton Collins, bei einer Besprechung in Tokio vor. „Wir müssen jetzt handeln, oder wir sterben. Wir werden in Inchon landen!"

Am 15. September stürmten Infanteristen der 1. Marinedivision die dreieinhalb Meter hohen Kaimauern von Inchon und errichteten zwei Brückenköpfe. Zwanzig Amerikaner fielen. Zwei Tage später, in denen sie 15 Kilometer nördlich vorgedrungen waren, eroberten die Marineinfanteristen den Flughafen Kimpo zurück. Zwölf Tage nach der Landung marschierten sie in Seoul ein und hißten über der Kuppel des Kapitols das blauweiße Banner der Vereinten Nationen.

MacArthurs nächstes Ziel war, die umzingelten UNO-Verteidiger von Pusan zu entsetzen. Am 17. September tauchten Shooting Stars und Mustangs der 5. Luftflotte entlang des Verteidigungsrings auf und überschütteten die Nordkoreaner mit einer tödlichen Flut flammenden Napalms. In derselben Nacht legten schwere, mit 225-Kilo-Bomben beladene B-29, die von Japan und Okinawa herüberkamen, ihre Bombenteppiche. Zwei Tage später brachen die UNO-Truppen aus dem Ring aus. Die Kommunisten, die durch die Landung nördlich von ihnen abgeschnitten waren, flüchteten vor den vordringenden UNO-Bodentruppen. Hunderte von kommunistischen Soldaten irrten ziellos durch das Gelände oder strömten auf den nach Norden führenden Straßen zurück, auf denen sie

Ungeachtet des gegnerischen Abwehrfeuers, das – links unten im Bild – als dünne schräge Rauchspur erkennbar – von einer Flakstellung an der Straßenbiegung aufsteigt, wirft eine F-80 Shooting Star eine schotenförmige Napalmbombe über einem nordkoreanischen Nachschublager ab. Der Angriff, der im Mai 1952 erfolgte, richtete sich gegen Suan, ein Versorgungszentrum südöstlich der nordkoreanischen Hauptstadt Pyongyang. Auf das nur fünf Quadratkilometer große Gebiet fielen mehr als 45 000 Liter Napalm.

Shooting Stars und anderen Jagdbombern schutzlos ausgeliefert waren. Am 21. September beispielsweise vernichteten F-80 und Mustangs fast die Hälfte eines aus 30 Panzern bestehenden Verbandes. Am Ende der Woche waren die nordkoreanischen Streitkräfte praktisch geschlagen. Am 29. September ließen sich General MacArthur und der südkoreanische Präsident Syngman Rhee bei einer Siegesparade in Seoul feiern.

Formal bestanden zwar keinerlei Pläne für die Verfolgung des Gegners über die nordkoreanische Grenze hinaus, aber MacArthur ließ es nicht mit der Rückeroberung Südkoreas bis zum 38. Breitengrad bewenden. Den Nordkoreanern dicht auf den Fersen, stürmten UNO-Einheiten an der 200 Kilometer nördlich von Seoul gelegenen Hauptstadt Pyongyang vorbei auf den Yalu zu, der die Grenze zwischen Nordkorea und der chinesischen Provinz Mandschurei bildete. Während die Infanterie an Boden gewann, begann die amerikanische Luftwaffe mit dem Wiederaufbau und der Vergrößerung der Flugplätze in Südkorea. Aus Japan wurden drei F-80-Staffeln nach Kimpo verlegt; drei weitere bezogen auf einem Feldflugplatz bei Taegu weiter südlich Stellung. Zwei Staffeln der australischen Luftwaffe mit ihren Meteors schlugen in Pusan ihr Quartier auf.

Der Erfolg der UNO-Aktion hatte ein Ausmaß angenommen, das ein Risiko in sich barg: Je weiter MacArthurs Truppen auf die Grenze zur Volksrepublik China vorrückten, desto größer wurde die Gefahr einer Intervention der größten kommunistischen Macht in Asien. Ministerpräsident Tschou En-lai hatte den Vereinten Nationen bereits eine Warnung zukommen lassen, wonach sich China bei weiteren Vorstößen in Nordkorea gezwungen sehen könnte, in den Krieg einzugreifen.

Es war keine leere Drohung. Im Schutz schlechten Wetters überquerten am 19. Oktober die ersten chinesischen Soldaten den Yalu. Sechs Wochen später schlugen sie zu – über 100 000 Mann. Eine Angriffsspitze überfiel am 25. November Sudong im zentralen Hochland. Eine andere umzingelte einen Teil der 3. südkoreanischen Division im Westen und vernichtete zwei Regimenter vollständig. Die Chinesen drängten nach Süden und überrannten am 1. Dezember bei Sinuiju am Südufer des Yalu die 21. amerikanische Infanteriedivision, die zum Rückzug gezwungen wurde. Am selben Tag wurde eine P-51-Formation, die über dem Yalu Patrouille flog, von sechs Flugzeugen mit Pfeilflügeln überrascht, die den Roten Stern der chinesischen Luftwaffe trugen und mit so ungeheurer Geschwindigkeit anflogen, daß ihre gedrungenen Rümpfe nur kurz silbern aufblitzten. Es waren in der Sowjetunion gebaute MiG-15, die ersten kommunistischen Düsenjäger, die zum Kampfeinsatz kamen. Dank der geschickten Ausweichmanöver der Mustang-Piloten – und der Treffunsicherheit der MiG-Piloten – konnten die Amerikaner unversehrt entkommen. Ein Luftkrieg grundlegend neuer Art hatte begonnen.

Die Wiege der MiG-15 hatte in Hitlers Reich gestanden. Kein anderes Land war in der Technologie der Hochgeschwindigkeits-Strahlflugzeuge so weit fortgeschritten wie Deutschland, eine Tatsache, von der die alliierten Sieger wesentlich profitieren sollten. Den sowjetischen Truppen, die von Osten vordrangen, fielen mehrere deutsche Flugzeugwerke einschließlich ihrer Techniker, Konstrukteure und eines Teils ihrer serienreifen Düsenjäger in die Hände – unter anderem auch Willy Messerschmitts Me 262. Sowjetische Ingenieure prüften das Flugzeug auf Herz und Nieren. Sie interessierten sich besonders für seine umwälzende Neuerung, die Pfeilung der Flügel, die Geschwindigkeiten bis nahe an die Schallgrenze ermöglichte. Zwei führende Flugzeugkonstrukteure – Artem Mikojan und Michail Gurewitsch – arbeiteten bereits an einem sowjetischen Düsenjäger. Sie

Im Koreakrieg waren die kommunistischen MiG-Piloten insofern im Vorteil, als sie unweit ihrer Einsatzbasen operierten, während die in Südkorea stationierten amerikanischen Sabre-Piloten eine 300 Kilometer lange Anflugstrecke in Kauf nehmen mußten. Die Karte zeigt die wichtigsten Luftstützpunkte der Nordkoreaner (rote Sterne) und der Vereinten Nationen (schwarze Sterne). Das MiG Alley genannte Gebiet, der Hauptschauplatz der Kämpfe, ist gelb gekennzeichnet.

übernahmen von Messerschmitt das Pfeilflügelkonzept und verbesserten es. Als Antrieb verwendeten sie eine exakte Kopie eines Rolls-Royce-Strahltriebwerks, das sie gekauft hatten, nachdem die britische Labour-Regierung 1947 den Export genehmigt hatte.

So entstand die MiG-15, die 1948 bei ihrer ersten öffentlichen Vorführung am Tage der sowjetischen Luftfahrt westlichen Militärexperten große Kopfschmerzen bereitete. Ihnen war unbegreiflich, wie es den Russen gelungen war, in so kurzer Zeit so große Fortschritte zu machen.

Auch den Amerikanern waren einige Me 262 in die Hände gefallen, desgleichen ein umfangreiches Archiv von Luftwaffen-Unterlagen. Darin fanden sie Seiten über Seiten mit den Ergebnissen von Windkanalerprobungen, die die Überlegenheit des Pfeilflügelkonzepts eindeutig bewiesen. Konstrukteure der North American Aviation Company fanden in den deutschen Forschungsunterlagen die Antwort auf Probleme, die sie in der Entwicklung eines einstrahligen Düsenjägers aufgehalten hatten. Sie veränderten die Konstruktion der Tragflächen und gaben ihnen eine Pfeilung von 35 Grad. Das Endprodukt ihrer Bemühungen war Amerikas erstes Strahlflugzeug mit Pfeilflügeln, die F-86 Sabre.

Mit 1072 Stundenkilometern brach die F-86 sämtliche Geschwindigkeitsrekorde. Sie war äußerst manövrierfähig und lag gleichzeitig wie ein Brett in der Luft – eine ideale Plattform für die sechs im Bug eingebauten Maschinengewehre vom Kaliber 12,7 mm. Die Sabre war der einzige westliche Jäger, der es mit der sowjetischen MiG-15 aufnehmen konnte. Dabei waren die Ähnlichkeiten zwischen den beiden Maschinen bemerkenswert: Beide hatten Pfeilflügel, kompakte Rümpfe mit kurzen Nasen und weit vorn liegende Pilotenkanzeln, und in der Leistung war die MiG der Sabre lediglich an Steiggeschwindigkeit und Dienstgipfelhöhe überlegen. In der Tat unterschieden sie sich so geringfügig voneinander – die MiG hatte einen etwas kürzeren Rumpf und ein größeres Leitwerk mit weiter oben angesetztem Höhenruder –, daß die Piloten Schwierigkeiten hatten, sie auseinanderzuhalten, als es über Korea schließlich zu Luftduellen zwischen den beiden Maschinen kam.

Bei Ausbruch des Krieges hatte niemand auch nur im entferntesten an die Entsendung der drei in den USA stationierten Sabre-Gruppen nach Korea gedacht; der Luftkrieg ließ sich mit den in Japan stationierten Shooting Stars und P-51 Mustangs sowie den Marine-Panthers des im Gelben Meer operierenden Flugzeugträger-Kampfverbands leicht gewinnen.

Die Lage änderte sich jedoch, als die ersten chinesischen MiG-15 über den Yalu gebraust kamen und die F-80 allzubald in Kämpfe verwickelten. Am 8. November war ein Verband von 70 B-29-Bombern zum Angriff auf Sinuiju gestartet. Die Stadt war insofern von Bedeutung, als in ihr die nordkoreanische Regierung vorübergehend Quartier bezogen hatte und sie zwei Brückenverbindungen nach China aufwies, über die der größte Teil des Verpflegungs- und Munitionsnachschubs aus der Mandschurei rollte. Ein Teil der Bomber sollte diese Brücken mit Sprengbomben vernichten; andere hatten den Auftrag, die Stadt mit Brandbomben in Schutt und Asche zu legen. Um die Feindabwehr zu binden und die Flugabwehrbatterien mit Napalm und Raketen auszuschalten, flogen den Bombern Jagdbomber vom Typ P-51 und F-80 voraus.

Während die B-29 die qualmenden Geschützstellungen überflogen und ihre Bomben ausklinkten, kreisten über ihnen in 6000 Meter Höhe die Shooting Stars, die das Gebiet absicherten. In Antung starteten sechs MiGs und stiegen auf 9000 Meter, um aus dieser Überhöhung die amerikanischen Jäger paarweise im Sturzflug anzugreifen. Die F-80 kurvten zum

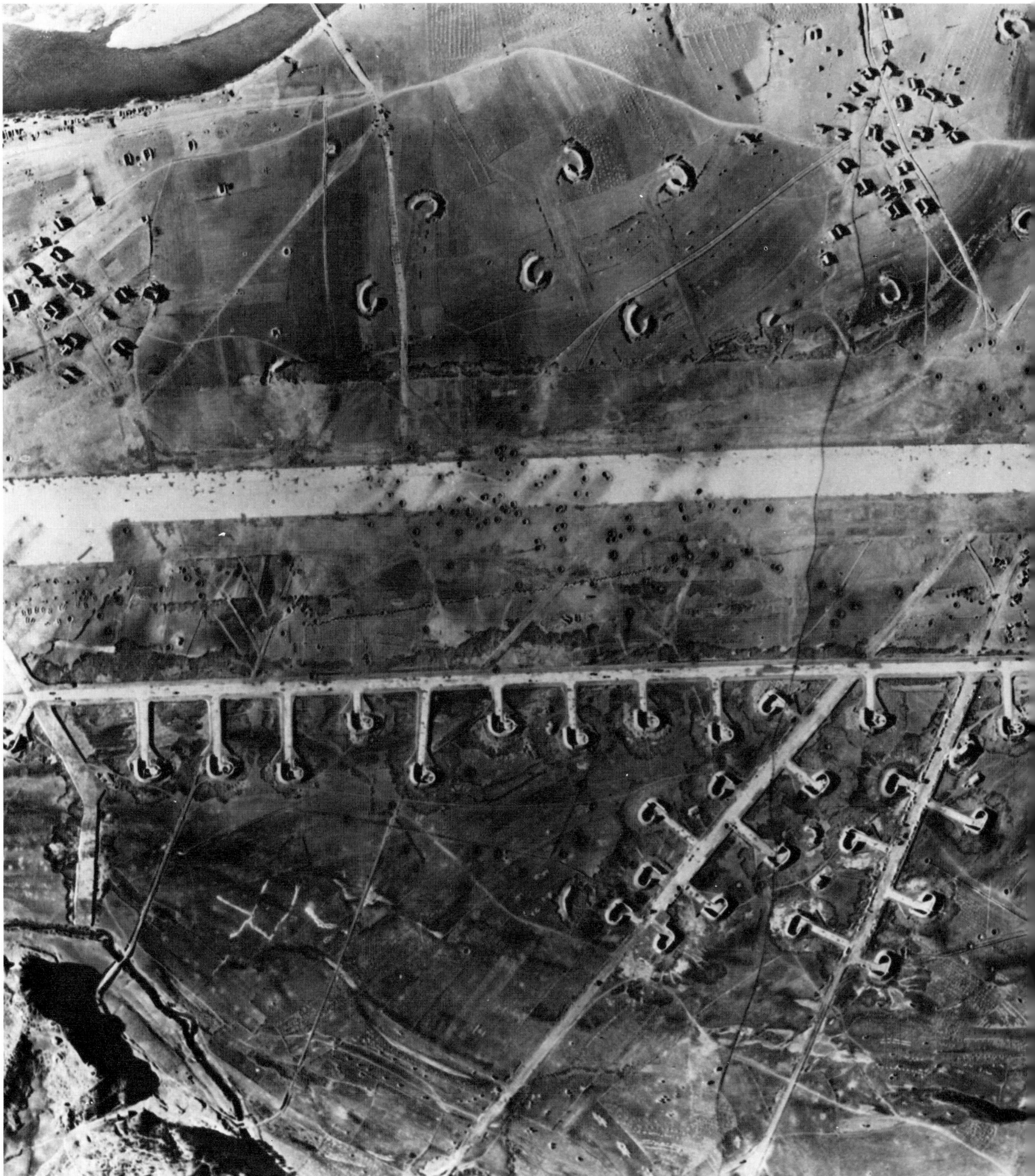

Die Start- und Landebahn eines nordkoreanischen Luftstützpunktes ist von Bombentrichtern übersät. Die MiGs hinter den Schutzwällen scheinen dagegen den

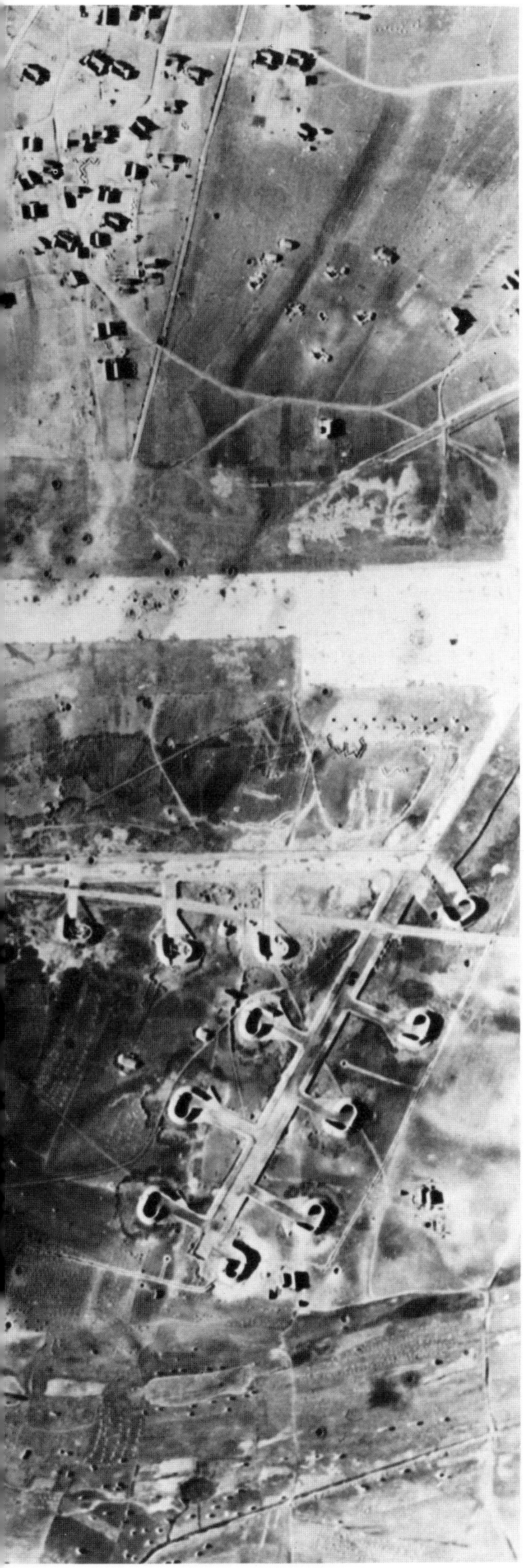
htangriff der B-29-Bomber überstanden zu haben.

Gegenangriff ein. Die MiG-Piloten schossen aus allen Rohren, aber ungezielt in den F-80-Verband, um dann schleunigst hochzuziehen und sich aus dem Kampfgebiet abzusetzen – alle bis auf einen. Dieser eine zog es vor, sein Heil im Sturzflug zu versuchen, und das war sein Fehler.

Leutnant Russell Brown drückte an, um die Verfolgung aufzunehmen. Im Sturzflug war die schwerere F-80 geringfügig schneller als die MiG-15. Brown schloß auf, drückte auf den am Steuerknüppel angebrachten Auslöseknopf und jagte einen fünf Sekunden dauernden Feuerstoß in das gegnerische Flugzeug. Weißer Rauch quoll aus der MiG hervor, die trudelnd abstürzte und am Flußufer aufschlug. Den ersten Düsenjäger-Zweikampf der Geschichte hatte der Amerikaner für sich entschieden.

In der Zwischenzeit hatten die B-29 mit ihren Brandbomben in der Stadt Sinuiju einen Feuersturm entfacht und sie zu 60 Prozent verwüstet. Aber die beiden wichtigen Brücken waren stehen geblieben. Zwei Tage später erfolgte ein zweiter Angriff, dann ein dritter, ohne daß die Brücken zum Einsturz gebracht werden konnten. Während der Offensive auf Sinuiju und andere, weiter östlich gelegene Verbindungen über den Yalu gelang es beherzt kämpfenden MiG-Piloten, den Shooting-Star-Begleitschutz zu durchbrechen und in vier Anflügen ebenso viele Bomber zu beschädigen beziehungsweise zum Absturz zu bringen. Die MiGs mußten ausgeschaltet werden. Die amerikanische Luftwaffe beschloß, Sabre-Düsenjäger nach Korea zu verlegen. Am 13. Dezember 1950 kam ein Teil des 4. Abfangjägergeschwaders in Kimpo an. Die Piloten hatten den Auftrag, entlang einem 150 Kilometer breiten Luftkorridor unterhalb des Yalu, der bereits den Namen MiG Alley – Straße der MiGs – erhalten hatte, zu patrouillieren und zu verhindern, daß aus China kommende MiGs den Fluß überflogen.

Ein Schneesturm und seine Auswirkungen hielten die Sabre-Piloten drei Tage lang am Boden fest. Am 17. Dezember klarte der Himmel auf, und kurz nach 14 Uhr starteten vier Maschinen, der Schwarm Baker. Auf Nordkurs in Richtung auf die MiG Alley nahmen sie die Standard-Angriffsformation der amerikanischen Luftwaffe ein, die sogenannte Vier-Finger-Formation, bei der die Maschinen wie die Fingerspitzen einer ausgestreckten Hand gestaffelt waren. Diese Formation bot den Piloten, die nach MiGs Ausschau hielten, den besten Schutz vor Überraschungsangriffen und sollte erst aufgegeben werden, wenn der Feind auftauchte. Sobald das der Fall war, teilte sich die Formation in zwei Rotten mit je einem Führer und einem Rottenflieger, eine Taktik, die den Piloten größere Manövrierfreiheit ließ. Die Aufgabe des Rottenfliegers bestand darin, seitlich hinter der angreifenden Führermaschine herzufliegen und deren Piloten zu warnen, wenn ein Gegner versuchte, sich in dessen 6-Uhr-Position, also genau hinter das ungeschützte Leitwerk, zu hängen.

Es war Oberstleutnant Bruce Hinton, der Chef der 336. Abfangjägerstaffel, der den Schwarm Baker an diesem Tage führte. Er hielt sich strikt an die vom Planungsstab ergangene Anweisung, nicht schneller als etwa 650 Stundenkilometer zu fliegen. Die Reduzierung der Geschwindigkeit sparte Treibstoff und sollte gleichzeitig die chinesischen Radarbeobachter in die Irre führen: Man hoffte, daß sie die F-86 für langsamere Shooting Stars hielten und ihre MiGs alarmierten. Das Täuschungsmanöver gelang. Als sich die Sabres Antung näherten und über dem Yalu nach Osten einschwenkten, hörte Hinton im Kopfhörer die Stimme seines Rottenfliegers: „Baker Eins, Indianer in 9-Uhr-Position unter uns auf kreuzendem Kurs."

In Antung waren vier MiGs gestartet. Sie befanden sich etwa anderthalb Kilometer voraus und stiegen mit voller Leistung zu den langsam fliegenden Sabres auf. „Es war ein absolut verblüffender Anblick", erinnerte sich Hinton, „ihre Geschwindigkeit war erstaunlich." Dann drückte er den

Sprechknopf. „Schwarm Baker, Tanks abwerfen", befahl er; denn ohne das Gewicht und den Widerstand der Zusatztanks konnten die Sabres auf ihre Höchstgeschwindigkeit beschleunigen.

Hinton wartete auf die vorgeschriebene Bestätigung, aber sie kam nicht. Dafür konnte es nur eine Erklärung geben – der Sender seines Sprechfunkgeräts mußte ausgefallen sein.

Hinton konzentrierte sich wieder auf die MiGs. Sie kreuzten seinen Kurs und kurvten nach rechts, um sich hinter ihn zu setzen. „Keine Zeit zu verlieren", dachte Hinton. „Ich klinkte die Tanks aus. Dann kurz entgegen ihrer Kurve eingeschwenkt: Ich war in 5-Uhr-Position und holte auf."

Mit seinem Manöver hatte sich Hinton schräg hinter die unter ihm fliegenden MiGs und damit in eine ideale Angriffsposition gebracht. Er warf einen kurzen Blick auf das Machmeter, um zu sehen, wie schnell sein Flugzeug in Relation zur Schallgeschwindigkeit flog. Der Zeiger stand knapp über Mach 0.95 im roten Bereich. Hinton hatte den für das Flugzeug festgesetzten sicheren Geschwindigkeitsbereich verlassen und näherte sich bedenklich der Schallgrenze. Ihm am nächsten flog der Rottenflieger des MiG-Führers. In 450 Meter Entfernung drückte Hinton auf den Auslöseknopf. Seine Geschosse schlugen hinter dem Cockpit des Gegners ein und traten über dem rechten Flügel wieder aus. Da fiel ihm siedendheiß ein, daß sich der MiG-Verbandsführer inzwischen möglicherweise in Schußposition auf ihn und seinen Rottenflieger manövrieren könnte.

Sein Rottenflieger! Hinton sah sich um, konnte ihn aber nicht finden. Nun wurde ihm klar, was passiert war. Während er nur Augen für sein Funkgerät gehabt hatte, war der Rest seines Schwarms irgendwie abhanden gekommen. Hinton war allein, und der MiG-Führer machte Anstalten, zum Angriff auf ihn einzukurven. Doch vor ihm flog noch die beschädigte MiG, die Hinton zuerst abschießen wollte.

Sein Gegner machte alle möglichen Fehler. Er fuhr die Sturzflugbremsen aus und sofort wieder ein, doch der kurze Moment hatte gereicht, um die Sabre genau hinter das Leitwerk der MiG in deren Abgasstrahl zu bringen. Die Sabre bockte und rüttelte. Hinton zog leicht zur Seite weg, um aus 250 Meter Entfernung direkt in das Triebwerk zu feuern. Es gab eine riesige Stichflamme, und Teile des Triebwerks flogen heraus. Aber die MiG stürzte nicht ab. Hinton schloß auf, um sich die Sache näher anzusehen.

„Wir hingen am Himmel und zogen nach links, ich mit meiner Maschine knapp unter seiner, im langsamen Formationsflug", erinnerte er sich. „Uns trennten nur rund anderthalb Meter, und ich konnte mir seine MiG gründlich ansehen. Sie war bildschön, ein Rennwagen unter den Jägern." Hinton deckte die taumelnde MiG mit Feuerstößen ein, bis sie sich schließlich auf den Rücken drehte und niederging.

Da die anderen MiGs das Weite gesucht hatten, nahm Hinton Kurs zurück nach Kimpo. Als er 20 Minuten später dort ankam, brauste er mit mehr als 800 Stundenkilometern über den Platz und wackelte nach alter Fliegertradition zum Zeichen des Sieges mit den Tragflächen.

Um ihren Auftrag, den Gegner in der MiG Alley abzufangen, erfüllen zu können, mußten die Sabre-Piloten auf längere Sicht ihre Taktik ändern. Wenn sie so langsam wie Hinton mit seinem Männern anflogen, gerieten sie ins Hintertreffen, da die MiGs in der Regel fast mit Höchstgeschwindigkeit angriffen. Aus diesem Grunde ging das 4. Geschwader dazu über, bei Einflug in das Kampfgebiet die Geschwindigkeit zu erhöhen. Das allerdings bedeutete einen höheren Treibstoffverbrauch und eine Verringerung der möglichen Einsatzdauer am Yalu von rund 35 auf unzureichende 20 Minuten. Infolgedessen wurden die Einflüge in die MiG Alley in Fünf-

Minuten-Intervallen gestaffelt, mit dem Erfolg, daß die vorhandenen F-86 ausreichten, um das Gebiet eine Stunde lang abzuriegeln und den hinter ihnen operierenden UNO-Bombern den nötigen Schutz zu bieten.

Die Änderung der Taktik machte sich am 22. Dezember bezahlt, als zwei Sabre-Schwärme einen Verband von 16 MiGs in einen fast 20minütigen turbulenten Luftkampf verwickelten und einen dramatischen Sieg errangen. Die Düsenjäger beider Seiten verfolgten einander in schnellen Kurven, in denen sie sich aus 9000 Meter Höhe bis auf Baumwipfelhöhe hinunterschraubten und wieder hochzogen. Ein Sabre-Pilot wurde abgeschossen, während seine Kameraden sechs MiGs vernichteten.

Der Kampf im Düsenjäger setzte den Jagdflieger ungewohnt starken Belastungen aus. Er saß, wie es der Präsident von North American einmal ausdrückte, auf „einer Donnerbüchse, die ebensoviel effektive Leistung erzeugt wie drei schwere Dieselloks". Im Kurven- und Sturzflug über den Wolken, wo ihm der Horizont vor den Augen verschwamm, durfte seine Konzentration keinen Augenblick nachlassen. Auf direktem Gegenkurs näherten sich die Jets mit einer Geschwindigkeit von mehr als 30 Kilometern pro Minute, was bedeutete, daß dem Piloten nur wenige Sekunden blieben, zu reagieren und den Kampf zu seinem Vorteil zu entscheiden.

Bei Manövern, die mit Geschwindigkeiten von über 950 Stundenkilometern geflogen wurden, traten g- oder Erdbeschleunigungskräfte auf, die den Piloten tief in seinen Sitz preßten, so daß er in engen Kurven Schwierigkeiten hatte, exakt auf den Gegner zu zielen, der vor ihm kurbelte und es kaum je zuließ, daß eine Sabre sich in sichere Schußposition direkt hinter sein Leitwerk manövrierte. Starke g-Belastungen führen darüber hinaus zu Blutmangel im Gehirn und damit leicht zur Bewußtlosigkeit. Amerikanische Piloten waren durch G-Anzüge geschützt, die Kommunisten dagegen nicht. In Kurvenkämpfen mit den MiGs erlebten die Sabre-Piloten mehr als einmal, daß ihr Gegner plötzlich zu trudeln begann und abstürzte; möglicherweise war er ohnmächtig geworden. Eine andere Erklärung war die bei höheren Geschwindigkeiten auftretende Instabilität der MiG-15. Sogar im Geradeausflug fing der russische Jet, wenn er sich dem Grenzbereich näherte, derart zu pendeln an, daß der Pilot Mühe hatte, seine Gegner im Visier zu behalten.

Ende Dezember hatte sich das Abschußverhältnis auf spektakuläre 8 zu 1 für die Sabre-Piloten erhöht. Doch die Erfolge sollten bald nachlassen, nicht weil die chinesische Luftwaffe ein Gegenmittel gefunden, sondern weil der Krieg am Boden erneut eine ungünstige Wendung genommen hatte. Nach ihrem anfänglichen Vorstoß hatten sich die Chinesen zurückgehalten, um neue Kräfte zu sammeln, bevor sie Ende Dezember wieder zum Angriff übergingen. Sie überrannten die UNO-Stellungen mit unwiderstehlicher Wucht. Nichts schien sie aufhalten zu können. „Es war, als wenn man Kieselsteine in die rollende Brandung wirft", erklärte ein amerikanischer Marineinfanterist erschöpft. „Es war ihnen egal, ob sie umkamen." Die Chinesen eroberten zuerst Pyongyang, dann Seoul mit dem wichtigen Großflughafen bei Kimpo zurück und erzwangen die Rückverlegung der Sabres nach Japan, von wo sie erst wenige Wochen zuvor nach Korea gekommen waren. Wegen der nunmehr zu überbrückenden Entfernungen mußten die Patrouillen in der MiG Alley aufgegeben werden. Ende Januar waren die Kommunisten über 100 Kilometer nach Südkorea hinein vorgestoßen. Die dort neu gesammelten UNO-Verbände hielten dem Ansturm stand und gingen zum Gegenstoß nach Norden über. Am 14. März nahmen sie Seoul, und das 4. Geschwader konnte den Luftkampf wieder aufnehmen. Da Kimpo jedoch zu dicht an den feindlichen Linien lag, um den Sabres genügend Sicherheit zu bieten, wurden sie in Suwon, etwa 35 Kilometer südlich von Seoul, stationiert.

Die Verhältnisse auf dem Flugplatz waren, gelinde gesagt, primitiv. Zum Schlafen und Arbeiten standen lediglich winterfeste Zelte zur Verfügung. Als Abstell- und Wartungsflächen dienten gelochte Stahlblechplanken, die neben der Startbahn auf den aufgeweichten Boden gelegt wurden. Wenn die Erde trocknete, verwandelte sich der Schlamm in Staub, der von den Triebwerken angesaugt wurde und ihre Lebensdauer verkürzte.

Am kritischsten aber war sicherlich die Landebahn von Suwon. Ihre Länge von etwa 1600 Metern reichte für die F-86 nur knapp aus. Außerdem fehlte die dazugehörige An- und Abrollbahn. Piloten, die gerade gelandet waren, rollten zur Abstellfläche auf der linken Seite der Bahn zurück, während gleichzeitig andere am entgegengesetzten Ende mit fast 200 Stundenkilometern aufsetzten und auf sie zugebraust kamen. Dieser haarsträubende Zustand änderte sich erst, als nach sechs Monaten die Startbahn verlängert und pararallel dazu eine Rollbahn angebaut wurde.

Zu den in Suwon stationierten Piloten gehörte Hauptmann James Jabara, ein erfahrener Mustang-Pilot des Zweiten Weltkriegs. In gut einem Monat schoß er vier MiGs ab. Dann wurde seine Einheit, die 334. Abfangjägerstaffel, im Rahmen des normalen Ablösungsplans nach Japan zurückbeordert. Jabara reagierte aufgebracht. Ihm fehlte nur noch ein Luftsieg, und er war ein As, der erste Jagdflieger in Korea, der diese Auszeichnung erwarb, und der erste, der nur Düsenjäger zu seinen Opfern zählte. Jabara ließ sich zur 335. Abfangjägerstaffel versetzen, die zur Ablösung seiner eigenen Einheit eintraf. Er zweifelte nicht, daß sein fünfter Sieg über einen Düsenjäger nicht lange auf sich warten lassen würde.

Doch Jabara patrouillierte fast einen Monat lang in der MiG Alley, ohne auch nur eine einzige MiG zu Gesicht zu bekommen. Sein Pech wollte es, daß er gerade an den Tagen im Einsatz war, an denen die MiGs Pause machten. Er hatte nur noch wenige Wochen bis zu seinem 100. Kampfeinsatz, nach dem er automatisch in die Vereinigten Staaten zurückgeschickt werden würde. Am 20. Mai stand Jabara in Bereitschaft im Einsatzraum der Staffel, als über Funk die Nachricht kam, daß Sabre-Piloten unweit des Yalu von einem starken MiG-Verband angegriffen worden waren. Jabara eilte zu seiner Maschine und startete mit der zweiten Gruppe, einer aus 14 Sabres bestehenden Verstärkung.

Der Luftkampf war im vollen Gange, als Jabara über dem Yalu ankam. Etwa 50 MiGs hatten rund 20 Sabres angegriffen. Jabara drückte den Knopf, um seine Tanks abzuwerfen, und merkte, wie sein Flugzeug zur Seite ausbrach. Ein Tank hatte nicht ausgeklinkt. „Der Befehl lautete, schleunigst abzudrehen, wenn ein Tank hängenblieb", berichtete Jabara später. Aber er hatte nicht vor, seine vielleicht letzte Möglichkeit, sich als Flieger-As auszuzeichnen, zu vergeben. „Ich rief meinen Rottenflieger und sagte ihm, daß wir in den Kampf eingreifen."

Jabara sichtete drei MiGs und hielt direkt auf sie zu. Während er zielte, stürzten sich drei andere aus der Überhöhung von hinten auf ihn und zwangen ihn, seinen Angriff abzubrechen. „Sie flogen über mich hinweg, als ich ihnen entgegenkurvte", erinnerte er sich. „Zwei drehten ab, aber ich hängte mich hinter den dritten. Er probierte alles, um mich abzuschütteln, aber ohne Erfolg. Ich verpaßte ihm drei ordentliche Salven und sah, wie die Geschosse trafen. Nach zwei heftigen gerissenen Rollen geriet er ins Trudeln. In etwa 3000 Meter Höhe stieg der Pilot aus. Das war sein Glück, denn die MiG brach auseinander."

Jabara gab sich damit nicht zufrieden, sondern stieg wieder auf 6000 Meter, um weiterzukämpfen. Er nahm eine andere MiG aufs Korn, die in

Gegner am koreanischen Himmel

„Der Luftkrieg in fast 14 000 Meter Höhe ist etwas völlig Neues", erklärte 1953 Oberst Robert P. Baldwin, F-86-Pilot des 51. Abfangjägergeschwaders in Korea. „Der alte trinkfeste Hauruck-Jagdflieger hat ausgedient. Jetzt heißt es, akkurat, präzise und mit Samthandschuhen zu fliegen."

Der Koreakrieg leitete eine neue Ära in der Luftkriegführung ein. Das Strahlkampfflugzeug entwickelte sich zur entscheidenden Waffe im Ringen um die Luftüberlegenheit. Die besten Maschinen dieser Epoche sind hier und auf den folgenden Seiten – auf gegenüberliegenden Seiten jeweils im richtigen Größenverhältnis zueinander – abgebildet.

Die Vereinten Nationen setzten am Anfang die Lockheed F-80 Shooting Star ein *(unten)*. Mit den amerikanischen Flugzeugträgern kamen dann zwei Staffeln F9F Panther auf den Kriegsschauplatz, die sich später besonders als Jagdbomber bewährten. Doch als die Kommunisten ihre MiG-15 in den Kampf schickten, einen schlanken, schwer bewaffneten Abfangjäger mit Pfeilflügeln, waren die Amerikaner von dessen überragenden Flugeigenschaften äußerst unangenehm überrascht.

Als Gegner für die MiG sandte die amerikanische Luftwaffe ihre F-86 Sabre an die Front, den schnellsten Düsenjäger des Westens. Die Sabre-Piloten stellten fest, daß die MiG ihnen in bezug auf Wendigkeit und Gipfelhöhe zwar überlegen war, aber auch deutliche Mängel hatte. Bei hohen Geschwindigkeiten verhielt sie sich weit weniger stabil als die Sabre, und in Rechtskurven zeigte sie die Tendenz, auszubrechen. Auch die Visiereinrichtung ließ gegenüber der der Sabre deutlich zu wünschen übrig. Die weit besser ausgebildeten amerikanischen Piloten machten sich diese Mängel geschickt zunutze und erzielten in den letzten sieben Monaten des Koreakrieges, als verbesserte Sabre-Jets an die Front kamen, schließlich gegen die MiGs ein Abschußverhältnis von 17 zu 1.

LOCKHEED F-80 SHOOTING STAR (1945)
Die F-80, Amerikas erster in Serie gefertigter Strahljäger, kam in Korea nach Einführung der F-86 Sabre als Jagdbomber zum Einsatz. Von einem Allison-Strahltriebwerk, das 2360 Kilopond Schub leistete, angetrieben, hatte sie eine Spitzengeschwindigkeit von 960 Stundenkilometern und eine Reichweite von 1800 Kilometern. Die Standardbewaffnung bestand aus sechs im Bug eingebauten Maschinengewehren vom Kaliber 12,7 mm und zwei 450-Kilo-Bomben. Die abgebildete Maschine gehörte zur 80. Jagdbomberstaffel.

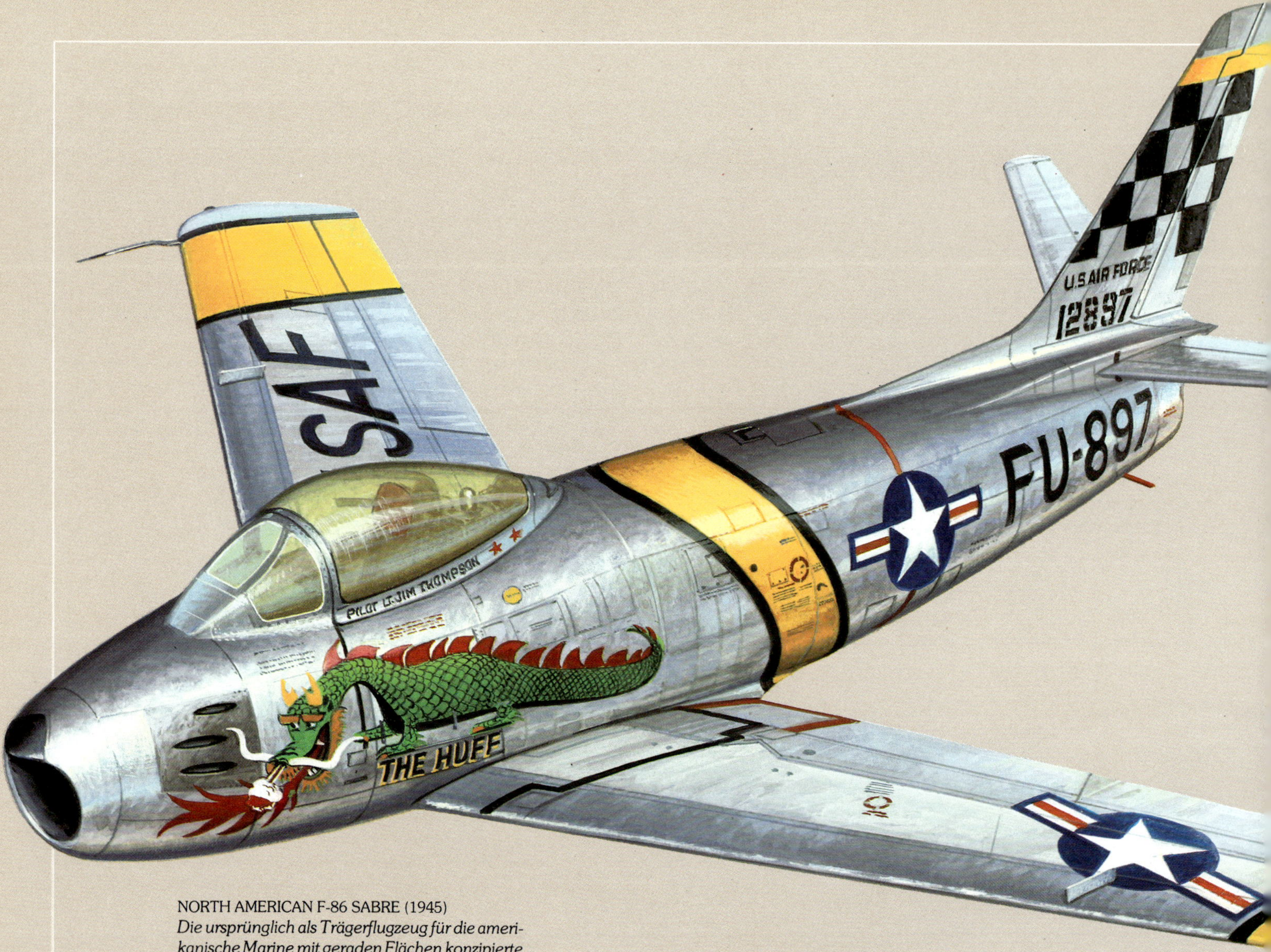

NORTH AMERICAN F-86 SABRE (1945)

Die ursprünglich als Trägerflugzeug für die amerikanische Marine mit geraden Flächen konzipierte F-86 zählt zu den zeitlos schönen Düsenjägern mit Pfeilflügeln. Das General-Electric-Strahltriebwerk leistete 2708 Kilopond Schub und beschleunigte die Maschine auf eine Spitzengeschwindigkeit von 1115 Stundenkilometern. Die Bewaffnung bestand aus sechs Maschinengewehren des Kalibers 12,7 mm und zwei 450-Kilo-Bomben. Insgesamt 31 Länder rüsteten ihre Luftwaffen mit der Sabre aus, von der fast 10 000 Stück gebaut wurden. Die abgebildete Maschine mit dem Drachen gehörte zum 51. Abfangjägergeschwader in Korea.

MIKOJAN/GUREWITSCH MIG-15 (1948)
Pate für den Antrieb der MiG-15, die eine Wende in der Entwicklung der sowjetischen Militärluftfahrt markierte und zum Vorläufer einer ganzen Serie hervorragender Düsenjäger wurde, stand ein 2270 Kilopond Schub starkes britisches Strahltriebwerk. Die MiG war mit zwei 23-mm-Kanonen und einer 37-mm-Kanone bewaffnet und hatte eine Spitzengeschwindigkeit von 1072 Stundenkilometern. Insgesamt 29 Länder flogen Varianten des Typs, der in einer Stückzahl von über 8000 in verschiedenen Staaten des Ostblocks gebaut wurde. Die hier abgebildete Maschine gehörte zur nordkoreanischen Luftwaffe.

GRUMMAN F9F-2 PANTHER (1949)
Die Ende des Zweiten Weltkriegs für die amerikanische Marine entwickelte Panther war robust, zuverlässig und wartungsfreundlich. Mit einem Pratt & Whitney-Strahltriebwerk von 2270 Kilopond Schub ausgerüstet, hatte sie eine Spitzengeschwindigkeit von fast 900 Stundenkilometern und eine Reichweite von knapp 2000 Kilometern. Die Bewaffnung bestand aus vier 20-mm-Kanonen und Bomben bis zu einem Gesamtgewicht von etwa 1000 Kilogramm. Mehr als 1000 Muster wurden gebaut, bevor die Panther durch das Pfeilflügelflugzeug F9F-6 Cougar ersetzt wurde. Die abgebildete Maschine trägt den meerblauen Tarnanstrich der Marine und die Kennzeichen der Jagdstaffel 151, die 1953 an Bord der „Boxer" vor der koreanischen Küste stationiert war.

einem Sechserverband flog. „Ich jagte zwei Feuerstöße heraus, und sie begann zu qualmen. Flammen schossen hervor, und sie trudelte. Dann mußte ich abdrehen, weil sich eine andere MiG hinter mich gehängt hatte." Alle Versuche, die MiG abzuschütteln, schlugen fehl. „Meine Situation war ganz schön brenzlig", berichtete Jabara. Zum Glück bemerkten zwei Sabres über ihm das Debakel und schossen die MiG ab.

Schließlich hatten die Sabres drei bestätigte und einen vermutlichen Abschuß erzielt sowie fünf weitere MiGs schwer beschädigt. Keine einzige Sabre war verlorengegangen. Jabara verfügte nun über sechs Luftsiege, einen mehr, als für die Anerkennung als Flieger-As erforderlich war.

Einige Wochen später war Jabaras Einsatzzeit vorüber, und er kehrte in die Vereinigten Staaten zurück. Es dauerte jedoch nicht lange, bis es ihn wieder in den Düsenjägerkampf zog. Im Januar 1953 meldete er sich freiwillig nach Korea zurück, wo er erneut dem 4. Jagdgeschwader zugeteilt wurde. Bis zum Kriegsende erzielte er neun weitere Luftsiege, was ihm den Titel eines dreifachen Düsenjäger-Asses einbrachte.

Zu der Zeit, als Jabara während seines ersten Korea-Einsatzes den Himmel nach MiGs absuchte, eroberten UNO-Truppen den 38. Breitengrad zurück und drangen nach Norden vor, jedoch nur, um gleich wieder zurückgeworfen zu werden. Im Mai und Juni 1951 wogte der Kampf hin und her, bis es an der Grenze schließlich zu einem einigermaßen haltbaren Gleichgewicht kam. Die UNO-Streitkräfte waren ausreichend verstärkt worden, um nach Norden vorstoßen zu können. Aber nach dem Eintritt Chinas in den Krieg einigten sich die Mitgliedstaaten der Vereinten Nationen auf ein begrenzteres Kriegsziel, nämlich die Kommunisten aus dem Süden zu verdrängen und den Status quo wiederherzustellen.

MacArthur mochte sich mit diesem Kriegsziel nicht abfinden. Da nach seiner Meinung die Aufgabe eines jeden Heeres darin bestand, den Gegner zu besiegen, unternahm er eine Ein-Mann-Kampagne mit dem Ziel, die Entscheidung der UNO rückgängig zu machen. „Wir müssen gewinnen", erklärte er in einem Schreiben, das vor dem Kongreß verlesen wurde. „Nichts kann einen Sieg ersetzen." Seine Einmischung in die Politik kam einer Insubordination gleich. Präsident Truman zögerte nicht, MacArthur seines Kommandos zu entheben. Sein Nachfolger, Generalleutnant Matthew Ridgway, unternahm keinen Versuch, die Bodenkämpfe wieder bis zum Yalu vorzutreiben, sondern setzte den Feuerkampf gegen die kommunistischen Truppen mit schwerer Artillerie und Bomben fort.

Zu dieser Zeit war das mit F-84 ausgerüstete 27. Begleitjägergeschwader in Korea eingetroffen. Die Thunderjets waren, wie die meisten als Jagdbomber eingesetzten Flugzeugtypen, mit modifizierten Aufhängungen für Splitterbomben versehen, die noch in der Luft und nicht erst beim Aufschlag auf den Boden zündeten. Die Wirkung der Splitter auf Soldaten, Fahrzeuge und Flugabwehrstellungen war verheerend. Am 23. April überraschten zwei Shooting Stars einen 200 Mann starken chinesischen Trupp im offenen Gelände und warfen vier dieser 120-Kilo-Bomben ab, um anschließend im Tiefangriff Raketen und 3600 Schuß aus ihren Maschinengewehren vom Kaliber 12,7 mm abzufeuern. Fast 90 Prozent der chinesischen Soldaten fielen oder wurden verwundet. Alles in allem forderten die UNO-Luftangriffe dieses einen Tages fast 2000 Gefallene und Verwundete auf seiten des Gegners.

In Anbetracht solcher Verluste erklärten sich die Kommunisten am 1. Juli 1951 zu Waffenstillstandsverhandlungen bereit. Die Gespräche begannen neun Tage später in dem kleinen südkoreanischen Dorf Kaesong, von wo sie im Herbst nach Panmunjom verlegt werden sollten.

Die Aussicht auf eine mögliche Beendigung des Konflikts ließ die Kämpfe am Boden abflauen. Doch in der Luft nahm der Krieg an Schärfe zu. Bomber flogen in jeden Winkel Nordkoreas und klinkten ihre Last über Fabriken, Bahnhöfen und Nachschubwegen aus. Die Brücken von Sinuiju bildeten wieder und wieder das Ziel ihrer Angriffe, hielten aber hartnäckig stand. Flugplätze, auf denen die Reparaturarbeiten in vollem Gange waren, wurden von B-29-Bombern zunächst nachts, dann vorübergehend auch tagsüber angegriffen.

Die Tagangriffe forderten außerordentlich hohe Verluste. Die Chinesen verfügten inzwischen über eine Flotte von schätzungsweise 450 MiG-15. Am 23. Oktober nahmen acht B-29, die von F-84 Thunderjets begleitet und darüber hinaus durch 34 Sabres in der MiG Alley abgeschirmt wurden, Kurs auf den gerade wiederhergestellten Flugplatz von Namsi, 70 Kilometer südöstlich des Yalu. 150 chinesische MiGs starteten, um die amerikanischen Maschinen abzufangen. Zwei Drittel dieser Flotte verwickelten die Sabres in Kämpfe, während die übrigen 50 MiGs Jagd auf die B-29 und ihren F-84-Begleitschutz machten. Eine Thunderjet und drei Bomber gingen verloren; die fünf anderen B-29 wurden schwer beschädigt. Die Chinesen mußten ihren Erfolg allerdings teuer bezahlen; sie verloren in dem 20minütigen Kampf sechs MiGs. Doch während die Kommunisten den Verlust an Jägern verschmerzen konnten, konnte sich das UNO-Kommando eine Dezimierung der beschränkten Zahl vorhandener Bomber nicht leisten. Deshalb wurden die Tagangriffe wieder eingestellt.

Ohne eine Aufstockung der Sabres war der Bedrohung durch die MiGs nicht beizukommen. Die zwei in Korea stationierten Staffeln des 4. Geschwaders hatten den chinesischen Jägern nicht einmal 50 Sabres entgegenzusetzen. Bis zum Jahresende sollte das 51. Abfangjägergeschwader in Suwon von F-80 Shooting Star auf Sabre umrüsten, was ungefähr einer Verdoppelung des zum Kampf gegen die MiGs eingesetzten F-86-Aufgebots entsprach. Doch selbst dann würde die zahlenmäßige Unterlegenheit der Sabres im Verhältnis von drei oder vier zu eins bestehen bleiben.

Die MiGs begannen, in langen Ketten von bis zu 200 Maschinen über den Yalu zu kommen. Sie stiegen über die Dienstgipfelhöhe der F-86 von 16 170 Metern, um dann in unerreichbarer Höhe zu kreisen. Eine gute Woche lang machten sie keinen Versuch, die amerikanischen Düsenjäger anzugreifen, sondern zogen über sie hinweg, eine beeindruckende Himmelsarmada. Eines Tages scherten einige MiGs aus dem Verband aus und griffen an. Sie stürzten auf die Sabres nieder, gaben aus ihren Kanonen einen kurzen Feuerstoß ab und stiegen wieder in Sicherheit, „runter und rauf wie Jojos an einem Faden", meinte ein amerikanischer Pilot.

Wenig später ließen sie sich auf Kurvenkämpfe mit den Amerikanern ein. Es entspann sich am Himmel ein wildes Durcheinander ausweichender und verfolgender Flugzeuge, bis die MiGs urplötzlich wieder in ihren hochfliegenden Verband zurückkehrten. Es war unschwer zu erkennen, daß die Kommunisten die MiG Alley als Testgelände benutzten – um junge Jet-Piloten in Kampftechniken einzuweisen, die Leistungsfähigkeit ihrer Maschinen auszuloten und Taktiken zu erproben.

Während die MiGs, wie sich herausstellte, die Sabres mit solchen Probeattacken nie ernsthaft in Verlegenheit bringen konnten, begaben sie sich selbst in große Gefahr. Beim ersten Anzeichen eines Angriffs brauchten die Amerikaner die Leistung lediglich bis zum Anschlag vorzuschieben und auf den Gegner einzukurven, um zu entkommen. In der Regel brach der MiG-Pilot in diesem Fall den Anflug ab und kehrte in sichere Höhen zurück. Ebenso groß war das Risiko für den MiG-Piloten, wenn er sich verleiten ließ, der F-86 unter 7500 Meter zu folgen; denn in diesem Bereich

Auf einem vorgeschobenen Stützpunkt in Südkorea bauen Mechaniker unter freiem Himmel ein neues Triebwerk in eine F-86 ein. Die hintere Sektion des Rumpfes ließ sich durch Lösen von vier Bolzen abmontieren. Der Triebwerkwechsel mit Auseinander- und Zusammenbau der Maschine dauerte bei einem eingespielten Team nicht viel länger als eine knappe Stunde.

hatten die Amerikaner das wendigere Flugzeug. Durch enges Kurven manövrierten sich die Sabres allzu leicht hinter die MiGs – und wieder gab es einen gegnerischen Düsenjäger weniger.

Im September 1952 hatte ein Teil der Sabre-Verbände in Korea auf eine neue Version des Düsenjägers, die F-86F, umgerüstet. Die F-Version unterschied sich von dem vorhergehenden Muster durch ein stärkeres Triebwerk, das fast 15 Prozent mehr Schub erzeugte. Sie war etwa 35 Stundenkilometer schneller als die MiG-15, der sie allerdings in bezug auf Dienstgipfelhöhe nach wie vor unterlegen blieb. Auch die Steigrate war erhöht worden. Die Verbesserungen waren nicht nur auf das neue Triebwerk zurückzuführen, sondern auch auf eine Veränderung der Tragflächen. Tatsächlich war es gelungen, die Geschwindigkeit so zu steigern, daß der rote Bereich der F-86F bei Mach 1,05 lag, einem Wert, den die Maschine allerdings nur im Sturzflug erreichte. Die Verlängerung der Tragflügel um fast 23 Zentimeter machte den Düsenjäger oberhalb von 7500 Metern manövrierfähiger. Das ebenfalls erneuerte Leitwerk sorgte dafür, daß die F-86F auch bei Höchstgeschwindigkeit wendig blieb. Es hatte eine bewegliche Höhenflosse erhalten, bei der nicht nur die Ruder, sondern die gesamte Höhensteuereinheit auf Ruderausschläge reagierte.

Eine weitere wesentliche Verbesserung stellte das neue Zielgerät, das A-1, dar. Vor der Umrüstung auf F-86F mußten Sabre-Piloten die Entfernung zum Ziel mehr oder minder konstant halten, wenn sie sie einmal ermittelt und eingestellt hatten. Im Luftkampf war das natürlich nicht einfach. Bei dem neuen Zielgerät wurde die Zielentfernung durch ein Funkmeßgerät im Bug der Maschine automatisch in das Visier eingegeben. Der Pilot mußte Fadenkreuz und Ziel lediglich die eine Sekunde lang in Übereinstimmung bringen, die es dauerte, bis sich die Automatik aufschaltete. Von dem Moment an war es unerheblich, ob er aufschloß oder zurückblieb, da das Zielgerät automatisch korrigierte.

Die Einführung der neuen Sabres machte sich sofort bezahlt. In den zehn Monaten, die sie im Einsatz waren, wurden monatlich mindestens 25 MiGs abgeschossen, während die Sabre-Verluste in dieser Zeit um etwa zehn Prozent zurückgingen. Dessenungeachtet kam es vor, daß MiG und F-86F sich erbitterte Zweikämpfe lieferten. In solchen Fällen, so vermuteten die Piloten, wurden die MiGs wahrscheinlich von Russen geflogen. Die Vermutung erhärtete sich am 4. Juli 1952, als ein Sabre-Pilot zu einer angeschossenen MiG aufschloß, einen Blick ins Cockpit warf und am Steuer einen Mann mit westlicher Gesichtsfarbe und buschigen roten Augenbrauen sah. Auch bei dem Gegner, mit dem es Major Robinson Risner am 4. Dezember zu tun hatte, als vier MiGs seinen aus vier Sabres bestehenden Schwarm zum Kampf stellten, könnte es sich durchaus um einen russischen Piloten gehandelt haben.

„Wir wurden etwa gleichzeitig aufeinander aufmerksam“, erinnerte sich Risner, „und der MiG-Schwarm und meiner warfen die Tanks ab.“ Der Kampf konnte beginnen. In der ersten Kurve traf Risner mit einem kurzen Feuerstoß die Cockpithaube einer MiG. Er schloß auf, um sie endgültig zur Strecke zu bringen. Der gegnerische Pilot brachte sich mit einer halben Rolle aus der Schußlinie, hing einen kurzen Moment auf dem Rücken und ging dann zum Sturzflug über. Risner jagte hinterher. „Dies wird der einfachste Abschuß meines Lebens!“ rief Risner seinem Rottenflieger zu. „Ich hatte einfach im Gefühl, daß er zerschellen würde.“

Doch dann fing die MiG im allerletzten Moment ab und fegte ein ausgetrocknetes Flußbett entlang. „Er war so tief, daß er kleine Steine aufwirbelte“, berichtete Risner. Während sein Gegner wieder zu steigen begann, „ging ich runter“, so fuhr Risner fort, „um ihn zu erwischen, doch dazu mußte ich in seiner Wirbelschleppe fliegen. Immer wieder riß er das Gas raus und fuhr die Luftbremsen aus. Und ehe ich mich versah, war ich schon neben ihm, Flügelende an Flügelende.“ Risner warf einen Blick ins Cockpit und sah einen Mann mit heller Gesichtsfarbe, war sich aber nicht sicher, ob es sich um einen Russen handelte. „Wenn ich merkte, daß ich im nächsten Moment an ihm vorbeijagen würde“, setzte Risner seinen Bericht fort, „zog ich meine Maschine in einer Rolle über ihn hinweg und kam auf der anderen Seite seines Flugzeugs wieder in Position. Darauf reagierte er mit engem Wegkurven. Dieser Bursche war ein erstklassiger Flieger.“

Auch als die MiG in Rückenlage über eine niedrige Bergkuppe flog, blieb Risner dran. „Ich hatte echte Mühe“, gab er zu, aber er brachte hin und wieder einen Treffer an. Die Kanzel der MiG flog weg, dann ein Teil des Leitwerks. An ihrer linken Seite zeigte sich eine Flammenspur. Als Risner wieder einmal neben seinen Gegner geraten war, der eine Lederhaube trug, sah jener ihn direkt an und drohte mit der Faust.

Im Eifer des Gefechts war Risner der MiG über den Yalu tief in die Mandschurei gefolgt, in verbotenes Territorium. Sein Gegner führte ihn – und seinen Rottenflieger, Oberleutnant Joe Logan, der die ganze Zeit hinter ihm blieb – direkt zu einem chinesischen Flugplatz und dessen Flak.

Die Thunderjet-Formation – mit je zwei 250-Kilo-Bomben an Aufhängungen unter den Flächen bewaffnet – hat den Auftrag, ein Ziel in Nordkorea zu bombardieren. Die F-84 Thunderjets flogen während des Koreakrieges über 86 000 Einsätze und wurden später als erste amerikanische Jagdbomber mit taktischen Atomwaffen bestückt.

Die MiG überquerte den Platz im Tiefstflug und kurvte knapp zwischen zwei Hallen hindurch. Risner folgte, aus allen Rohren feuernd. Nach zwei Runden um den Platz setzte die MiG, mit über 600 Stundenkilometern und wie ein Sieb durchlöchert, im Gras neben der Rollbahn auf. Das war zuviel – der Düsenjäger zerbarst. Aber nun mußten Risner und sein Rottenflieger sich den Rückzug durch die Flak bahnen. Ein Treffer durchschlug einen Tank von Logans Maschine. Es folgte der erstaunlichste Teil des ganzen Einsatzfluges. Als Logans Tanks bis auf den letzten Tropfen leergeflogen waren, wies Risner ihn an, das Triebwerk abzuschalten. Dann manövrierte er den Bug seiner Maschine vorsichtig, um den Lufteinlaß seines Triebwerks nicht zu blockieren, in den Triebwerksauslaß der anderen Sabre und schob seinen hilflosen Kameraden rund 150 Kilometer weit zur Insel Cho-do im Gelben Meer vor der koreanischen Küste. Logan stieg mit dem Fallschirm aus, während Risner nach Suwon zurückkehrte, um seinen Abschuß zu melden. Doch Risners heldenhafter Einsatz war umsonst. Logan wurde nach seinem Absprung nicht frühzeitig genug gefunden und ertrank im Gelben Meer.

Nachdem die UNO-Luftstreitkräfte die uneingeschränkte Luftherrschaft über Nordkorea erkämpft hatten, konnten Bomber und Jagdflugzeuge jeden Versuch der Kommunisten vereiteln, Truppen für eine Großoffen-

Belohnung für den Überbringer einer MiG

Am 26. April 1953 warfen zwei amerikanische B-29-Bomber über kommunistischen Stellungen am Yalu eine ungewöhnliche Last ab: eine Million Flugblätter, auf denen jedem Piloten, der den Amerikanern eine MiG-15 verschaffte, 50 000 Dollar in bar und politisches Asyl zugesichert wurden.

Fünf Monate vergingen. Doch dann schwebte über dem Flughafen Kimpo bei Seoul eine nordkoreanische MiG-15 zur Landung ein. Leutnant Ro Kum Suk war mit einer MiG-15BIS desertiert, dem Muster, dem die Amerikaner im nordkoreanischen Luftraum am häufigsten begegneten. Der Pilot behauptete zwar, nichts von der Belohnung gewußt zu haben. Doch er erhielt die ausgesetzten 50 000 Dollar sowie eine Zulage in Höhe von weiteren 50 000 Dollar. So viel war den Amerikanern die unschätzbare Möglichkeit wert, den sowjetischen Düsenjäger bis ins kleinste Detail zu prüfen.

Die 37- und 23-mm-Kanonen der MiG werden zur Prüfung ausgebaut.

Die erbeutete MiG wird zum Erprobungsflug vorbereitet. „Mit einer F-86 schlage ich die jederzeit", urteilte ein Pilot, der sie testete.

sive zusammenzuziehen. Zerstörte Brücken und Straßenkreuzungen führten zu Staus von Nachschubfahrzeugen, die ein leichtes Opfer der Piloten wurden. Sie legten durch die Vernichtung von insgesamt 963 Lokomotiven Nordkoreas Schienenverkehr praktisch lahm. Die Kommunisten mußten ihre Taktik, hinter vorgetäuschter Friedensbereitschaft Kräfte für eine Wiederbelebung des Konflikts zu sammeln, aufgeben.

Zwei Jahre nach Aufnahme der Verhandlungen waren die Kommunisten im Mai 1953 endlich bereit, eine Einigung mit den Vereinten Nationen herbeizuführen. Zugleich jedoch starteten die Chinesen den Versuch, durch eine umfangreiche Luft- und Bodenoffensive die bestmögliche Regelung zu erzwingen. Im Schutz schlechten Wetters, das die gegnerischen Flugzeuge am Boden hielt, sammelten sie im Mai die letzten Kräfte und bereiteten umfangreiche Schlachten vor. Der erste Angriff erfolgte im Juni, der zweite im Juli. Zu Beginn beider Offensiven klarte es auf, so daß die Düsenjäger – im Verein mit allen in Korea verfügbaren Kampfflugzeugen – die Vorstöße abwehren konnten. Die Verluste der Kommunisten gingen in die Tausende. Zur selben Zeit gingen die MiGs zu einer letzten Luftoffensive über. Sie flogen mehr Einsätze, kämpften verbissener und erlitten mehr Verluste als zu irgendeinem anderen Zeitpunkt des Krieges. Im Mai wurden 56 MiGs abgeschossen; im Juni waren es 77.

Auf der Gegenseite der MiGs flog ein Mann, der einen Abschuß mehr als Jabara erzielen und den Koreakrieg als erfolgreichster Jagdflieger beenden sollte. Es war der 31jährige Hauptmann Joseph McConnell Jr., ein Veteran des Zweiten Weltkriegs, in dem er als Navigator auf B-17-Bombern an den Angriffen auf Deutschland teilgenommen hatte. Damals war sein Wunsch, zum Piloten ausgebildet zu werden, wegen des Bedarfs der Heeres-Luftstreitkräfte an Bombenschützen und Navigatoren abgelehnt worden. Als der Weltkrieg endete, meldete er sich erneut zur Pilotenausbildung und wurde angenommen. Bei Ausbruch des Koreakrieges flog er in einer Shooting-Star-Einheit in Alaska. Zwei Jahre lang bombardierte er seine Vorgesetzten mit Anträgen auf Versetzung an die Front.

Ende 1952 schulte McConnell schließlich auf die F-86 um und wurde nach Suwon zum 51. Abfangjägergeschwader versetzt. Seine Erfolge ließen nicht lange auf sich warten. Am 16. Februar 1953 schoß er seine fünfte MiG ab. Bis Mitte April errang er vier weitere Luftsiege und war gerade dabei, den zehnten Gegner vom Himmel zu holen, als ihn eine MiG von hinten mit einem Kugelhagel überraschte. Er wurde unverletzt aus dem Gelben Meer geborgen und saß am nächsten Tag schon wieder im Cockpit einer anderen Sabre. Am 24. April gelang ihm der zehnte Abschuß. Im darauffolgenden Mai brauchte er vier Tage, vom 13. bis zum 16., um drei weiteren MiGs den Garaus zu machen.

Am 18. Mai gelang ihm dasselbe noch einmal an einem einzigen Tag. Er befand sich auf Patrouillenflug am Yalu, als vier MiG-15 direkt vor ihm seinen Kurs kreuzten. Innerhalb von Sekunden hing McConnell hinter einem gegnerischen Rottenflieger und deckte dessen Flugzeug mit Salven ein. Er folgte der MiG, die im Sturzflug zu entkommen versuchte, und drückte immer wieder kurz auf den Waffenknopf. „Ich sah die Cockpithaube wegfliegen und den Piloten aussteigen", berichtete er. „Ich behielt die MiG im Auge, bis sie in der Tiefe aufschlug."

Der Rottenführer des abgeschossenen Piloten nutzte den Moment, in dem McConnell hinter der MiG hersah, um sich hinter den Amerikaner zu manövrieren. „Mann, war der nahe!" erinnerte sich McConnell. „Ich konnte das Abfeuern der Kanone hören, als er auf mich zielte. Die Leuchtspurgeschosse sehen wie große Feuerbälle aus, die es auf dich abgesehen haben." Wild kurbelnd, um den Geschossen auszuweichen,

Mig Maulers
KOREAN WAR
1950-1953
CAPT J.D. McCONNELL, JR.
27 TH JET ACE
16 MIGS
MAJ. J. JABARA
1ST JET ACE
15 MIGS
CAPT. M.J. FERNANDEZ
26 TH JET ACE
14 MIGS
CAPT. R.N. BAKER
21ST JET ACE
12 MIGS, 1 LA-9
MAJ. G.A. DAVIS
5TH JET ACE
11 MIGS
LT. H.E. FISCHER
25TH JET ACE
10 MIGS
COL. J.K. JOHNSON
29TH JET ACE
10 MIGS
CAPT. R.S. PARR
33RD JET ACE
10 MIGS
LT. JAMES F. LOW
17 TH JET ACE
9 MIGS
MAJ. F.C. BLESSE
19TH JET ACE
9 MIGS, 1 LA-9
CAPT. L.R. MOORE
34TH JET ACE
9 MIGS, 1 LA-9
CAPT R. RISNER
20TH JET ACE
8 MIGS
MAJ. V. GARRISON
32ND JET ACE
8 MIGS
CAPT. C.D. JOLLEY
18TH JET ACE
7 MIGS
CAPT. L.W. LILLEY
22ND JET ACE
7 MIGS
LT. H. BUTTLEMAN
36TH JET ACE
7 MIGS
COL. F.S. GABRESKI
8TH JET ACE
6 1/2 MIGS
CAPT. D.E. ADAMS
14 TH JET ACE
6 1/2 MIGS
MAJ. J.P. HAGERSTROM
28 TH JET ACE
6 1/2 MIGS
COL. G.L. JONES
30TH JET ACE
6 1/2 MIGS
CAPT. I.C. KINCHELOE
10TH JET ACE
6 MIGS - 4 YAK 9
CAPT. R.J. LOVE
11TH JET ACE
6 MIGS
MAJ. J.F. BOLT
37TH JET ACE
6 MIGS
LT. J.H. KASLER
15TH JET ACE
6 MIGS
MAJ. W.T. WHISNER
7TH JET ACE
5 1/2 MIGS
CAPT. R.S. BECKER
2ND JET ACE
5 MIGS
CAPT R. GIBSON
3RD JET ACE
5 MIGS
LT COL. R.D. CREIGHTON
4 TH JET ACE
5 MIGS
CAPT. R.H. MOORE
9TH JET ACE
5 MIGS
MAJ W.H. WESCOTT
12 TH JET ACE
5 MIGS
CAPT. R.T. LATSHAW
13 TH JET ACE
5 MIGS
COL. H.R. THYNG
16 TH JET ACE
5 MIGS
LT. C.G. FOSTER
23RD JET ACE
5 MIGS
CAPT. D.W. OVERTON III
24 TH JET ACE
5 MIGS
LT. COL. G.L. RUDDELL
31ST JET ACE
5 MIGS
COL. R.P. BALDWIN
35 TH JET ACE
5 MIGS
CAPT. C.A. CURTIN
38 TH JET ACE
5 MIGS
MAJ. S.L. BETTINGER
39 TH JET ACE
5 MIGS
MAJ. W.W. MARSHALL
6TH JET ACE
4 1/2 MIGS - 1 TU - 1 LA 9

gelang es McConnell, sich mit einer engen Kurve hinter seinen Gegner zu setzen. Er brachte mehrere hundert Schuß vom Kaliber 12,7 mm ins Ziel. Die MiG begann zu qualmen, aber der Pilot gab noch nicht auf. Als McConnell zu ihm aufschloß, versuchte er, ihn durch Hochziehen von unten zu rammen. In letzter Sekunde gelang es McConnell, seitlich wegzukurven. Dann sah er, wie die MiG abkippte und ins Trudeln geriet. Da er nicht mehr viel Treibstoff hatte, kehrte er zu seiner Einheit zurück.

Am selben Nachmittag saß McConnell in der Führermaschine eines anderen Schwarms, der nach Norden flog. Diesmal wurden die Sabres von vier gegnerischen Düsenjägern aus der Überhöhung angegriffen. Zwei von ihnen flogen absichtlich an den amerikanischen Maschinen vorbei, um sie zum Angriff zu verleiten, während die beiden anderen MiGs sich hinter die Amerikaner zu setzen versuchten. Es war eine geschickte Eröffnung, aber sie funktionierte nicht. McConnell erahnte die Absicht und wußte ihr zu begegnen. Er ließ die erste Rotte passieren und griff dann die zweite an. „Ich hängte mich hinter einen von ihnen und deckte ihn nur so mit Feuerstößen ein", berichtete er später. „Der Pilot zog hoch, fuhr die Sturzflugbremsen aus und sprang ab." Es war McConnells dritter Tagessieg – sein 16. insgesamt und sein letzter in diesem Krieg.

Am 27. Juni 1953 flog Hauptmann Ralph Parr, ein Jagdflieger-As mit neun Abschüssen, mit seiner Sabre Begleitschutz für einen letzten Aufklärungseinsatz über Nordkorea. Nach zwei Jahren des diplomatischen Tauziehens, das in jeder Gesprächspause von Infanterieangriffen begleitet wurde, war für 22 Uhr Waffenstillstand vereinbart worden. Beiden Seiten war untersagt, nach diesem Zeitpunkt ihre Kräfte in Korea zu verstärken. Deshalb hatten die Kommunisten MiGs aus China nach Süden verlegt, um bei Feuereinstellung so viele Maschinen wie möglich in Korea zu haben. Die Aufklärer sollten ihre Zahl feststellen, damit jede Erhöhung des Bestandes nach dem Waffenstillstand beweisbar war.

Die Aufklärer waren von MiGs unbehelligt geblieben. Doch kurz nach dem Einschwenken auf Kimpo sichtete Parr etwa 6000 Meter unter sich eine Il-2, eine zweimotorige Propeller-Transportmaschine. Parr vergewisserte sich, daß er den Yalu nicht überflogen hatte, ging zum Sturzflug über, manövrierte sich hinter den nichtsahnenden Transporter und drückte zweimal auf den Waffenknopf. Die Il-2 fing Feuer und stürzte ab. Es war der letzte Abschuß, den ein Sabre-Pilot in diesem Krieg erzielte.

Einige Stunden später trat der Waffenstillstand in Kraft. Der Koreakrieg war vorüber. Die Vereinten Nationen hatten ihr drei Jahre zuvor formuliertes Ziel erreicht und Nordkoreaner und Chinesen aus dem Süden verdrängt. Die Luftüberlegenheit über dem Kampfgebiet, ohne die, wie die Chinesen in mehreren erbeuteten Dokumenten selbst feststellten, die UNO-Truppen ins Meer getrieben worden wären, hatte erheblich zu diesem Erfolg beigetragen. Und die Erringung der Luftüberlegenheit war erstmalig in der Geschichte Aufgabe von Düsenjägern gewesen. Wo immer sie aufgetaucht waren, hatten sie den koreanischen Luftraum unter ihre Kontrolle gebracht. Sie hatten sich als Abfang- und Begleitjäger, als Aufklärer und Jagdbomber zur Unterstützung der Erdkampftruppen hervorragend bewährt. In der Straße der MiGs waren die Sabres auf einen zahlenmäßig überlegenen Gegner gestoßen, und sie hatten ihn niedergerungen. Alles in allem hatten sie bei eigenen Verlusten von nur 78 Sabres 792 MiG-15 abgeschossen. Bei zwei so ebenbürtigen Flugzeugtypen stellte dieses Ergebnis unter Beweis, daß selbst im Jet-Zeitalter nicht allein die Qualität der Flugzeuge, sondern auch und vor allem das Können der Männer in ihren Cockpits über Sieg oder Niederlage entschied.

Zu einem Kartenspiel mit 39 Assen arrangiert sind die Photographien der besten amerikanischen Jagdflieger des Koreakriegs. Unter jeder Aufnahme steht die Gesamtzahl der Abschüsse des betreffenden Piloten. Hauptmann Joseph McConnell Jr. und Major James Jabara, die erfolgreichsten Jagdflieger, führen die Elite-Liste zu beiden Seiten der schematischen Korea-Karte an.

Luftkämpfe aus der Perspektive der Zielkamera

„Wie Ritter vergangener Zeiten", meinte Flieger-As Oberst Harry Thyng, „traten die F-86-Piloten hoch über Nordkorea an. Silberne Flugzeuge, die Kondensstreifen hinter sich herziehen, blitzen in der Sonne auf und fordern den Gegner zum Kampf heraus." Wie Oberst Thyng, der in den Begegnungen mit der in der Sowjetunion entwickelten MiG-15 während des Koreakriegs eine moderne Wiederholung mittelalterlicher Turniere sah, erging es vielen amerikanischen Piloten – auch wenn die Kämpfer mit einer Annäherungsgeschwindigkeit von fast 2000 Stundenkilometern aufeinander zurasten.

Hauptschauplatz der Kämpfe zwischen der F-86 und der MiG-15 war der Luftraum über einem Gebiet am Yalu, das unter der Bezeichnung „MiG Alley" in die Geschichte einging. Dort kam es in mehreren Kilometern Höhe zu Begegnungen zwischen amerikanischen und kommunistischen Piloten, die manchmal nur Sekundenbruchteile dauerten. Den Ausgang dieser Jet-Zweikämpfe hielten Zielkameras fest, deren Auslöser mit den Waffenknöpfen in den Flugzeugen synchronisiert waren.

Die grobkörnigen Aufnahmen auf diesen und den folgenden Seiten wurden aus Filmen der Zielkameras ausgewählt. Die Photos dienten dazu, Auswertern ein Bild der Düsenjägerkämpfe aus der Sicht des Piloten zur Prüfung und Auswertung zu vermitteln. Die Kameras lieferten darüber hinaus Beweise für gemeldete Luftsiege – Beweise, ohne die manch ein Abschuß mit dem Vermerk „wahrscheinlich" versehen worden wäre.

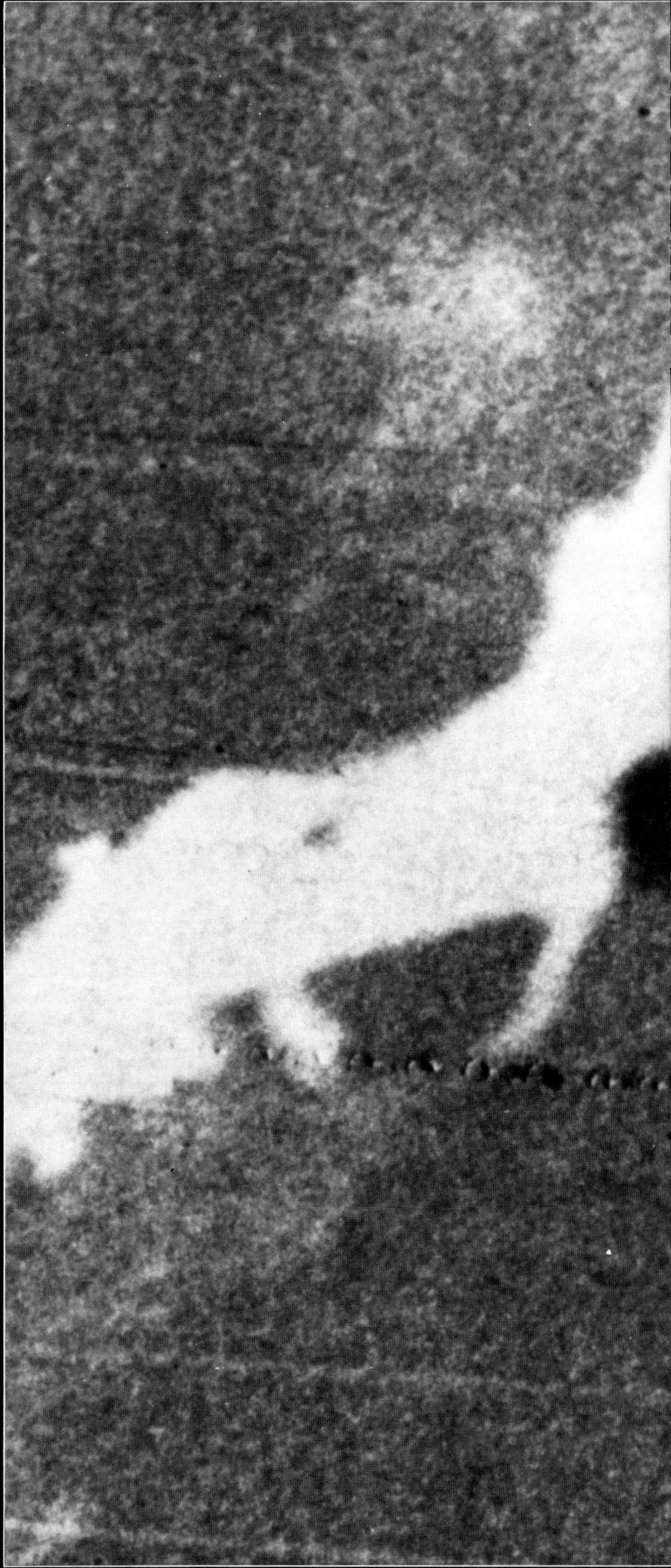

Die Zielkamera einer F-86 hält den Absturz einer qualmenden MiG-15 fest, die bei einem Zweikampf über dem Yalu im Februar 1953 von der amerikanischen Maschine in Brand geschossen wurde.

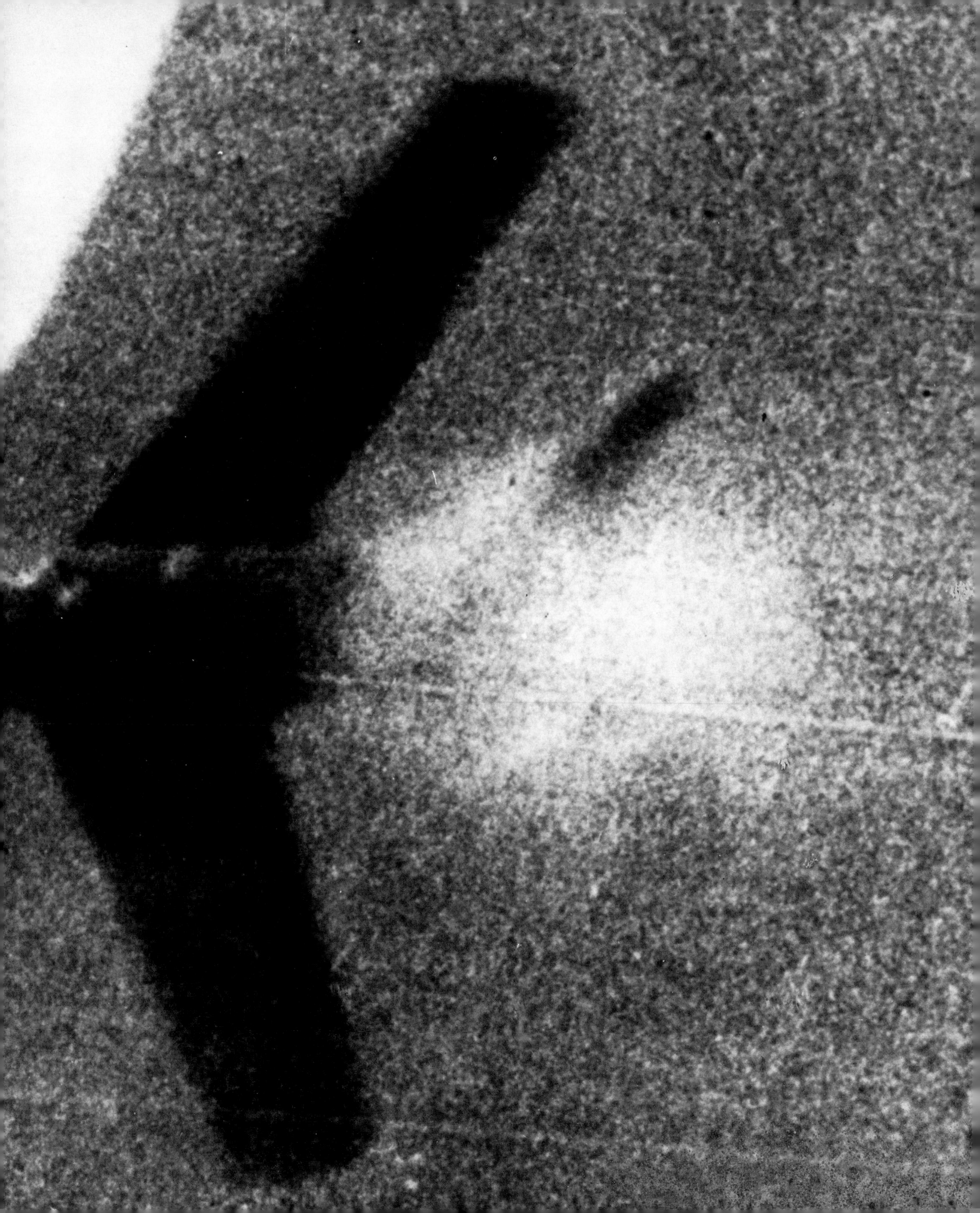

Die packende Photoserie, die von einer verfolgenden F-86 aus aufgenommen wurde, zeigt den Angriff einer angeschossenen MiG-15 auf eine andere Sabre. Jeweils von oben nach unten sieht man die beschädigte MiG, die eine Rakete auf die Sabre abfeuert und einen Treffer in deren linker Tragfläche erzielt (diese Seite, unten). Ein Teil der Fläche bricht weg (gegenüberliegende Seite, oben). Die letzten beiden Photos zeigen den amerikanischen Düsenjäger, der zu trudeln beginnt.

Der Pilot einer MiG-15 schießt sich mit dem Schleudersitz aus seiner Maschine, die im Mai 1953 während eines Zweikampfs von einer F-86 getroffen wurde. Am Steuer der Sabre, deren Zielkamera diese Aufnahmen machte, saß Leutnant Edwin E. Aldrin Jr., der 16 Jahre später als Astronaut von Apollo 11 den Mond betrat.

Hauptmann James Jabara, dreifaches Jäger-As, verfolgt eine MiG-15, die zu entkommen versucht (gegenüberliegende Seite, oben). Nachdem er die Maschine getroffen hatte, photographierte Jabara mit der Zielkamera den an seinem Fallschirm zur Erde schwebenden gegnerischen Piloten (unten), um einen unwiderlegbaren Beweis für den errungenen Luftsieg mit nach Hause zu bringen.

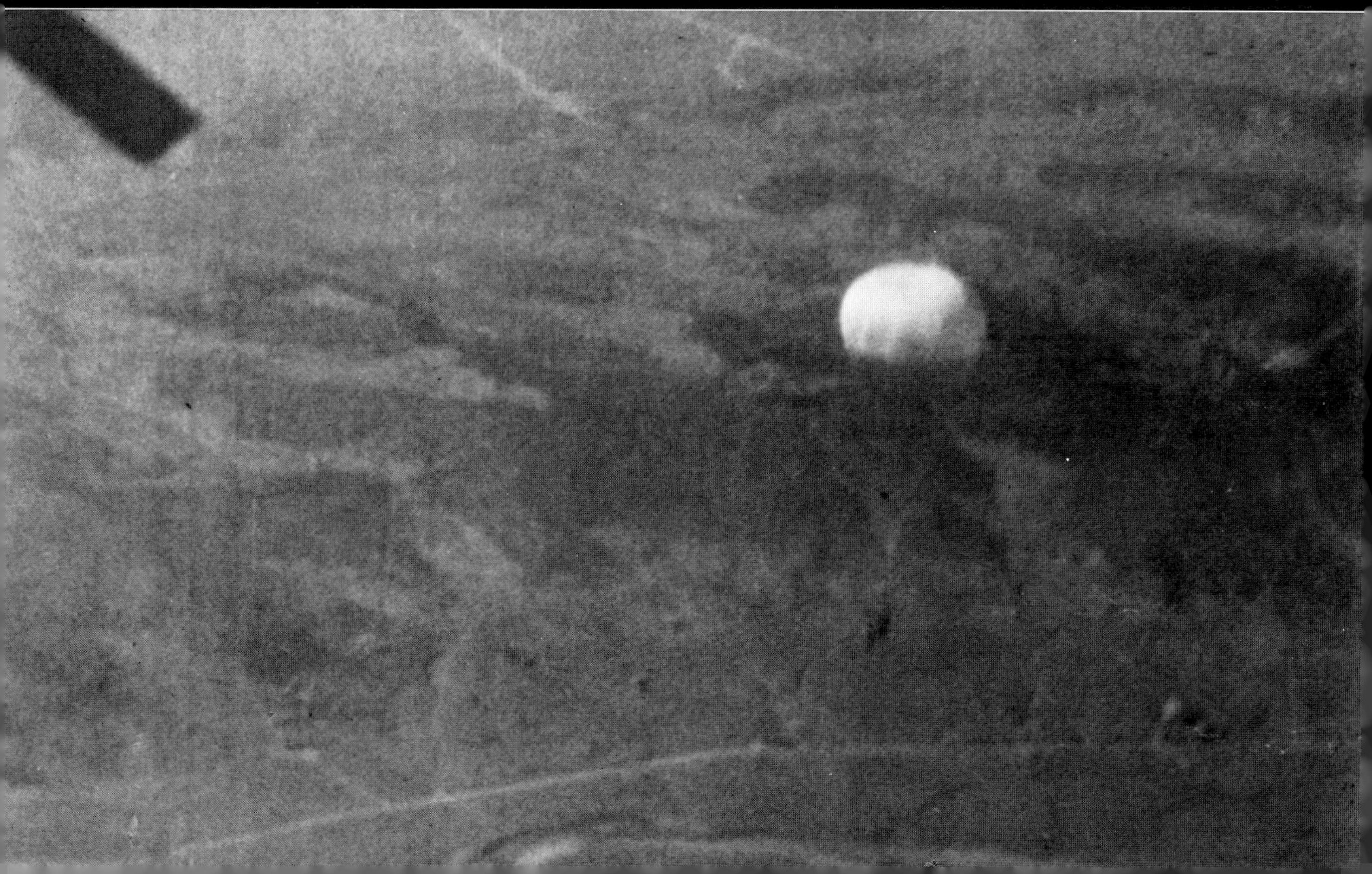

3

Bomber für den Frieden

Die B-47 Stratojet startete auf dem amerikanischen Luftwaffenstützpunkt Sidi Slimane in Französisch-Marokko und nahm Kurs auf England. Als sie dort ankam, verhinderte schlechtes Wetter die Landung. Also wurde beschlossen, wieder zurückzufliegen. Doch als der Bomber seinen Ausgangspunkt fast erreicht hatte, meinte ein Mitglied der Besatzung: „Unser Auftrag lautet, nach England zu fliegen, also laßt uns auch nach England fliegen.“ Sie riefen über Funk ein Tankflugzeug, das kam und sie mit Treibstoff versorgte. Über England angekommen, fanden sie noch immer dasselbe schlechte Wetter vor wie zuvor. Doch inzwischen hatte die Besatzung beschlossen, das Ganze als Übung zu betrachten und zu sehen, wie lange sie in der Luft bleiben konnten. Mit offizieller Genehmigung pendelten sie zwischen den beiden Ländern hin und her, tankten bei Bedarf in der Luft auf und landeten schließlich nach 47 Stunden und 35 Minuten, in denen sie eine Entfernung von über 34 000 Kilometern zurückgelegt hatten.

Man schrieb das Jahr 1954. Der Koreakrieg war vorüber, und die Kraftprobe diente einem wichtigen Zweck. Der Flug zeigte, wie weit der Arm der Vereinigten Staaten tatsächlich reichte. Er demonstrierte außerdem den Geist der Besatzung, die die endlosen Stunden angeschnallt und unfähig, sich Bewegung zu verschaffen, auf ihren Metallsitzen ausharrte und kaum oder gar nicht zum Schlafen kam. Die B-47, der damals schnellste Bomber der Welt, gehörte zum Strategischen Luftkommando oder SAC (Strategic Air Command), der weltweiten Streitmacht zur Friedenssicherung der Vereinigten Staaten. Von Stützpunkten rund um die Erde starteten SAC-Bomber, beladen mit Atombomben, zu regelmäßigen Patrouilleflügen – eine wirksame nukleare Abschreckungsstreitmacht „im Krieg gegen den Krieg“, wie ihre Angehörigen zu sagen pflegten.

Den Befehl über diese Elite-Einheit hatte Generalleutnant Curtis E. LeMay, ein zigarrerauchender, kompromißloser Mann. LeMay hatte im Zweiten Weltkrieg als Kommandeur einige der ersten Tagbombardierungen auf Ziele in Deutschland geführt und später als Chef des XXI. Bomberkommandos auf Guam eine Reihe von riskanten Tiefangriffen mit Brandbomben auf japanische Städte angeordnet. Die Verwüstungen, die diese Angriffe anrichteten, waren ohne Beispiel in der Geschichte des Krieges. Dennoch hatte LeMay nie versucht, die Verantwortung für die Entscheidung einem anderen zuzuschieben. „*Meine* Entscheidung und *mein* Befehl“, sagte er. „Jemand muß ja das Kommando haben.“

Als LeMay Ende 1948 das SAC übernahm, herrschten dort traurige Zustände. Das Strategische Luftkommando war am 21. März 1946 zur

Ein B-52-Bomber des amerikanischen Strategischen Luftkommandos, der mit zwei Luft-Boden-Raketen mit Atomsprengköpfen, sogenannten Hound Dogs, bewaffnet ist, wird von einem KC-135-Tanker in der Luft betankt.

Durchführung von „Fernoffensiven in jedem Teil der Welt" und „maximaler Fernaufklärung" gegründet worden. Geldmangel und eine durch die Friedenszeiten erklärbare allgemeine Trägheit hatten das junge SAC auf ein Niveau der Unwirksamkeit heruntergedrückt, daß es kaum die Bezeichnung einer militärischen Einrichtung verdiente. „Die Luftwaffe war auf den Hund gekommen", schrieb LeMay verbittert. „Im ganzen Kommando hatten wir nicht eine Besatzung, *nicht eine einzige* Besatzung, die professionelle Arbeit leistete. Keine Einheit hatte die vorgeschriebene Stärke – weder an Flugzeugen noch an Personal oder sonst etwas."

Auf einem kalifornischen Stützpunkt wurde der Bereitschaftsraum vorwiegend zum Kartenspielen benutzt. Übungen verliefen in der Regel katastrophal. Bei einer solchen Operation sollte 1947 ein Angriff auf New York City simuliert werden. Fast ein Viertel der 131 beteiligten Bomber kamen aufgrund von Versorgungsschwierigkeiten und Wartungsfehlern gar nicht erst vom Boden ab. Die übrigen Besatzungen erreichten New York in mehr oder minder kopflosem Durcheinander, führten die simulierten Bombenangriffe mit offenkundiger Ungenauigkeit aus und kehrten zu ihren Einsatzbasen zurück, um das vernichtende Urteil zu hören. Als LeMay das Kommando übernahm, ordnete er einen ähnlichen Angriff auf Dayton, Ohio, an. Die Ergebnisse waren nicht minder bestürzend. Keines der eingesetzten Flugzeuge führte seinen Auftrag gemäß der Einsatzbesprechung aus. LeMay ging daran, Personal und Maschinenpark des SAC mit eiserner Faust auf Vordermann zu bringen.

Eine der ersten Maßnahmen, die LeMay einleitete, war die Verstärkung und Modernisierung der veralteten Bomberflotte des SAC. Weder die B-29, eine Maschine aus den Tagen des Zweiten Weltkriegs, noch die B-50, eine leicht modernisierte Version, verfügte seiner Meinung nach über die erforderliche Reichweite. Außerdem waren sie mit nicht einmal 650 Stundenkilometern zu langsam. Die gigantische B-36, die 1950 in Dienst gestellt wurde, sagte ihm schon eher zu. Mit sechs Kolbenmotoren, einem 49,40 Meter langen Rumpf und einer Spannweite von 70 Metern gehörte die B-36 zu den größten Bombern, die je gebaut wurden. Die Entwicklung hatte nahezu sechs Jahre in Anspruch genommen und so viel Geld verschlungen, daß sie den begrenzten Rahmen des Militärhaushaltes zu sprengen drohte. Doch wenn es nach LeMay ging, war die B-36 mit ihrem Aktionsradius von rund 5800 Kilometern genau das, was das Land brauchte. Er veranlaßte die Luftwaffe, zusätzlich zu denen, die das SAC bereits geordert hatte, 86 weitere B-36 zu bestellen. Um die Geschwindigkeit bis auf 700 Stundenkilometer zu steigern, bauten Techniker an Aufhängungen unter den Flächen vier Zusatztriebwerke ein. Für die weitere Zukunft setzte LeMay große Hoffnungen in zwei reine Strahlbomber, die sich noch in der Entwicklung befanden.

Am weitesten fortgeschritten war 1949 die sechsstrahlige Boeing B-47 Stratojet. Der Erstflug eines Prototyps hatte schon am 17. Dezember 1947 stattgefunden. Die Stratojet hatte einen schlanken Rumpf mit Pfeilflügeln und war ein wunderschönes Flugzeug. Außerdem bereitete es ein reines Vergnügen, sie zu fliegen, wie SAC-Angehörige feststellten. Ein Pilot attestierte ihr sogar „fast jagdflugzeugähnliche Flugeigenschaften". Die B-47 hatte allerdings einen Nachteil. Voll beladen – mit 60 000 Litern Treibstoff und rund 9000 Kilogramm Bomben – konnte sie Moskau nicht ohne Auftanken erreichen. Doch da es keinen anderen reinen Strahlbomber gab, beschloß die amerikanische Luftwaffe, ihn zu kaufen, und zwar in enormer Stückzahl. Mehr als 1800 B-47 verschiedener Modelle sollten bis 1957 an das SAC geliefert werden. Die Reichweite, wenngleich beschränkt, war besser als gar nichts und konnte durch Betankung des

Zielstrebige Entschlossenheit spricht aus dem Blick des Zigarrenrauchers General Curtis E. LeMay, der von 1948 bis 1957 Chef des Strategischen Luftkommandos war und ständige Kampfbereitschaft zum Prinzip des SAC machte. „Ich hatte mir vorgenommen", schrieb er später, „jedem SAC-Angehörigen folgende Einsicht zu vermitteln: Wir befinden uns im Krieg – und zwar jetzt."

Die Karte zeigt die globale Präsenz des SAC auf seinem Höhepunkt im Jahre 1957, als es 38 Stützpunkte in den Vereinigten Staaten und weitere 30 in Übersee unterhielt, und zwar in den durch Bombersymbole gekennzeichneten Ländern. Kleinere Maschinen stehen für Länder mit nur einem Stützpunkt, größere für Länder mit mehreren Stützpunkten, wie beispielsweise Großbritannien, wo sich 15 SAC-Basen befanden.

Flugzeugs in der Luft wirksam gesteigert werden. Mit diesem Bomber konnte LeMay jedes beliebige Fernziel erreichen – das hatte die Besatzung, die mit ihrer B-47 fast zwei Tage lang zwischen England und Nordafrika ununterbrochen unterwegs gewesen war, bewiesen.

Der zweite Strahlbomber war Boeings gewaltige B-52 Stratofortress. Als schwerer Interkontinentalbomber konzipiert, sollte sie die noch mit Kolbenmotoren ausgerüstete B-36 ersetzen. Doch die Entwicklung zog sich endlos lange hin. Die Konstrukteure hatten 1946 mit der Planung auf der Basis eines verhältnismäßig konventionellen Flugzeugs mit geraden Tragflächen und vier Propellerturbinen als Antrieb begonnen. An diesem grundlegenden Konzept erprobten sie mehr als 30 verschiedene Kombinationen von Triebwerk, Flächenkonfiguration und Startgewicht, um ein Flugzeug zu konstruieren, das im Vergleich zu seiner Größe leicht, aerodynamisch widerstandsarm und von großer Tragfähigkeit war.

Das ging so bis zu einem denkwürdigen Freitag im Jahre 1948. Nach einer Marathon-Sitzung mit Beschaffungsoffizieren der amerikanischen Luftwaffe in Dayton, Ohio, verwarfen Boeings Spitzenkonstrukteure die gesamte Planung und zogen sich zu intensiven Beratungen in ein Hotelzimmer zurück. Als sie am Montag wieder herauskamen, legten sie ein 33 Seiten starkes Konzept für einen völlig neuen Bomber vor. Er hatte ausladende, hängende und gepfeilte Tragflächen, unter denen an Doppelpylonen acht Pratt & Whitney-Strahlturbinen vom Typ J57 montiert waren. Sein koloßartiges Aussehen am Boden sollte dem Bomber den Spitznamen BUFF einbringen, die Abkürzung für Big Ugly Fat Fellow (Dicker, häßlicher, fetter Bursche). In der Luft jedoch verwandelte sich die B-52 in

ein Flugzeug von begeisternder Schönheit. Als sie 1955 zur Auslieferung gelangte, fand LeMay keinen Makel an ihr. Schnell (mit einer Geschwindigkeit von rund 1000 Stundenkilometern), kräftig (mit einer Bombenzuladung bis zu 34 Tonnen) und ausdauernd (mit einer Reichweite von rund 10 000 Kilometern), sollte die B-52 jede Art von Waffen tragen, von konventionellen 225-Kilo-Bomben bis zu Atomraketen, und darüber hinaus in der Lage sein, sie aus Höhen von rund 13 Kilometern außerhalb der Reichweite von Flakstellungen ins Ziel zu bringen.

Doch die ersten Erprobungsflüge der B-52 sollten erst 1952 stattfinden. Bis dahin widmete LeMay sich mit voller Energie seinem Personal. Er hatte sich von Anfang an vorgenommen, seine Leute mit starker Hand zu der schlagkräftigsten, geübtesten Streitkraft der amerikanischen Militärgeschichte zusammenzuschweißen.

Es war ein gewaltiges Vorhaben, und der General machte sich ans Werk, ohne irgendwelche Rücksichten zu nehmen. Er unterwarf sein Personal einer strengen Disziplin und verordnete ein rigoroses Ausbildungsprogramm. Jede SAC-Einheit durchlief eine Reihe drillmäßiger Fortbildungsübungen mit dem Ziel, die Einsatzbereitschaft und Kampfkraft zu verbessern – und auf dem höchsten Stand zu halten. Dienstzeiten von 70 oder 80 Stunden pro Woche wurden zur Selbstverständlichkeit. Jeder Morgen begann für die Männer mit der gründlichen Vorbereitung und Kontrolle der ihnen anvertrauten Flugzeuge, bei der kein Teil unüberprüft blieb und sichergestellt wurde, daß die Maschinen jederzeit starten konnten. Für das fliegende Personal wurden Rund-um-die-Uhr-Übungen angesetzt, die bis zu 24 Stunden dauern konnten und Angriffe auf sowjetische Ziele zum Inhalt hatten. Anstelle von echten Bomben brachten die Flugzeugbesatzungen Radarsignale ins Ziel. Die Präzision der Treffer wurde von Emp-

Bei einem Manöver im Jahre 1954 hebt ein B-47-Bomber mit Hilfe von 33 Zusatzraketen vom Boden ab. Die Raketen hingen außen am Rumpfheck und lieferten zusätzliche 15 000 Kilopond Schub, die der bis über 91 Tonnen schwere Strahlbomber zum Start mit hoher Zuladung brauchte. Wenn er in der Luft war, warf der Pilot des Bombers die Raketenkanister ab.

fangsstationen am Boden registriert. 1957 gab es in den USA keine einzige Stadt mit mehr als 25 000 Einwohnern, die nicht mindestens einmal solchen Angriffen unterworfen worden wäre. San Fran Francisco wurde innerhalb eines Monats mehr als 600mal „bombardiert".

Die Übungen wurden mit derselben bis ins kleinste Detail gehenden Präzision geplant wie ein Angriff im Ernstfall. Kurse, Höhen, Geschwindigkeiten und Treibstoffverbrauch wurden für jeden Streckenabschnitt exakt berechnet. Flugzeugkommandanten und Besatzungen nahmen vor jedem Flug an Einsatzbesprechungen teil, die bis zu drei Stunden dauern konnten. Piloten und Navigatoren prägten sich Strecken, Ankunftszeiten und Radardarstellungen ihrer Ziele ein. Die Starts erfolgten mit der Exaktheit eines Uhrwerks. Ein Zivilist erlebte erstaunt den Abflug von 26 B-47 auf dem Stützpunkt Sidi Slimane in Französisch-Marokko. Jede Maschine habe genau 55 Sekunden nach ihrer Vorgängerin, mit fast genau der gleichen Geschwindigkeit und an nahezu demselben Punkt der Startbahn abgehoben, berichtete er. Viele Einsätze, bei denen die Maschinen in der Luft betankt wurden, zogen sich bis zu 15 Stunden hin.

LeMays Ausbildungsprogramm ließ keinen Zweifel daran, daß die Verantwortung für das Zusammenspiel innerhalb einer Mannschaft bei den Männern selbst lag. Mißerfolge, aus welchem Grunde auch immer, duldete er nicht; er sei „unfähig, zwischen Pech und Unvermögen zu unterscheiden", erklärte er. Vom Einsatz zurückgekehrt, mußten die Männer manchmal stundenlange Nachbesprechungen und Beurteilungen über sich ergehen lassen. Der General führte ein Bewertungssystem für das Können und die Effizienz der einzelnen Besatzungen ein. Eine gute Bewertung bedeutete Beförderungen auf Zeit mit höheren Bezügen; ein einziger Leistungsabfall zog die Rückstufung auf einen niedrigeren Dienstgrad nach sich.

LeMay bestand darauf, daß jede SAC-Einheit in der Lage sein mußte, von einem Moment zum anderen zu starten, und ließ ein wohldurchdachtes unterirdisches System bombensicherer Bereitschaftsräume und Quartiere bauen. In ihnen hielten sich die Männer jeweils mehrere Tage lang auf. Sie schliefen in ihren Fliegerkombinationen und trugen Rufgeräte in den Taschen, mit denen sie zu jeder Tages- und Nachtzeit im Eilschritt zu ihren Flugzeugen beordert werden konnten. Innerhalb von 15 Minuten nach Ertönen des Alarms hatten sie in der Luft zu sein. „Wir müssen darauf vorbereitet sein, daß morgen früh die Sirene schrillt", erklärte der General. „Wenn es soweit ist und ich meine Besatzungen in den Flugzeugen da draußen losschicke, werde ich selbst im ersten sitzen."

Die Männer wußten, daß sie im Falle eines Atomkrieges eine weit größere Überlebenschance hatten als ihre Familien. Dieses Wissen stellte eine schwere seelische Belastung dar, die zusammen mit dem körperlichen Streß, dem sie bei ihren Einsätzen ausgesetzt waren, ihr ganzes Leben beeinflußte. Eine typische B-47-Besatzung befand sich 15 Stunden in der Luft und legte dabei eine Entfernung von rund 13 000 Kilometern zurück. Die Maschinen waren mit Elektronik und Zusatztreibstoff derart vollgestopft, daß sie nur drei Männern Platz boten. Druckschutzhelme aus Glas und Stahl hinderten sie daran, sich am Ohr zu kratzen oder die Nase zu putzen. Ihren Körper umgab ein enger Anzug aus Gummi und Nylon, in den bei plötzlichem Druckverlust in der Kabine Druckluft geblasen wurde. Die ganze Zeit über saßen sie auf ihrer Notausrüstung, in der sich unter anderem Verpflegung, Angelhaken, ein zerlegbares Gewehr und eine Axt befanden. Von der ersten bis zur letzten Minute des Einsatzes verloren sie in der dünnen, trockenen Luft der Stratosphäre Wasser, was zu Gewichtsverlusten von zwei Kilogramm oder mehr führte. Und wenn sie körperlich und nervlich erschöpft zum Boden zurückkehrten, empfanden sie die Zeit, die ihnen für ihr Privatleben mit Frau und Kindern blieb, als allzu kurz. Sie mußten ständig zum nächsten Einsatz abrufbar sein, der oft ohne Vorwarnung erfolgte. Bei alledem waren Bezahlung und Unterbringung des fliegenden Personals mehr schlecht als recht. Kein Wunder, daß unter diesen Umständen viele Ehen in die Brüche gingen.

Ein Grund für LeMays Ruhelosigkeit war natürlich das sich anbahnende nukleare Patt zwischen der Sowjetunion und den Vereinigten Staaten. Die Sowjets hatten in Zentralsibirien 1953 eine Wasserstoffbombe gezündet. Nahezu zehn Monate waren vergangen, seitdem die Amerikaner ihren ersten größeren Atomsprengkörper zur Explosion gebracht hatten. LeMay bemühte sich im Kongreß um Mittel für den Kauf weiterer Bomber und die Einrichtung zusätzlicher Stützpunkte innerhalb und außerhalb der USA. Außerdem setzte er sich für eine massive Aufstockung des atomaren Waffenpotentials ein. Mit seinem apokalyptischen Sendungsbewußtsein stieß er bei seinen Leuten nicht etwa auf Unverständnis. Vielmehr erfüllte es sie mit einem verstärkten Pflichtgefühl. Junge Copiloten begannen, ihren obersten Vorgesetzten nachzuahmen und Zigarren von einem Mundwinkel in den anderen zu schieben. Mit wachsendem Stolz empfanden sie sich als Teil einer Organisation, die der General „ein wunderbares, komplexes und herrliches Instrument" nannte.

1955 verfügte das SAC über mehr als 3000 Flugzeuge, die sich auf ein weltweites, von Maine bis Nordafrika, von Guam bis Großbritannien reichendes Netz von 51 Stützpunkten verteilten. Die Flotte setzte sich unter anderem aus 1309 atomwaffenbestückten Bombern, 568 Fernjägern des von Republic gebauten Typs F-84F Thunderjet, 761 Tankern und 51 Transportmaschinen zusammen. Das A und O der SAC-Versorgungsflugzeugflotte war der propellergetriebene Boeing KC-97-Tanker, eine Art fliegende Tankstelle, an der sich die Bomber jederzeit mit Treibstoff versorgen konnten. Die Erweiterung des Aktionsradius der Bomber durch die KC-97 war enorm. Alle sechs Minuten, pflegte LeMay stolz zu sagen, wurde ein SAC-Bomber in der Luft betankt. Und das bedeutete, daß in Zeiten internationaler Krisen zu jeder Minute des Tages oder der Nacht irgendwo am Himmel ein SAC-Bomber patrouillierte.

Im Mai 1956, sechs Monate nach dem ersten H-Bombenabwurf in der Sowjetunion, waren die Amerikaner ihrerseits zu einem Atombombentest bereit. Der Bomber, der sie abwerfen sollte, mußte über eine beachtliche Tragfähigkeit verfügen, denn die ersten thermonuklearen Bomben wogen volle 19 Tonnen; ihre Oberfläche hatte eine Größe von 140 Quadratmetern. Außerdem mußte sich die Maschine schnell aus dem Abwurfgebiet entfernen können, damit sie nicht von der Druckwelle der Bombe, die sich mit unvorstellbarer Geschwindigkeit ausbreitete und das Flugzeug mit ihrer Wucht in große Gefahr bringen konnte, erfaßt wurde. Die B-52 entsprach diesen Erfordernissen. Sie war die logische Wahl.

Die Versuchsvorbereitungen waren nicht nur von zahlreichen öffentlichen Kommentaren, sondern auch von äußerster Geheimhaltung in bezug auf spezifische Einzelheiten begleitet. Die Wahl des Flugzeugs fiel auf eine B-52 der 4930. Erprobungsgruppe auf dem Eniwetok-Atoll im westlichen Pazifik. Geflogen werden sollte sie von einer auf dem Stützpunkt Kirtland bei Albuquerque, New Mexico, stationierten Besatzung, die für diesen Einsatz eine spezielle Schulung erhielt. Voraussetzung für das Gelingen des Tests war die genaue Befolgung des Flugplans; alles hing von der exakten Einhaltung des Zeitablaufs ab. Die Abwurfübungen wurden sowohl mit optischen als auch funkmeßtechnischen Hilfsmitteln durchgeführt und zusätzlich vom Boden aus überwacht.

Der Termin für den Atomtest wurde auf Anfang Mai festgelegt, mußte aber wegen schlechten Wetters verschoben werden. Am 21. Mai war es schließlich soweit. Lange vor Tagesanbruch nahm der Kommandant des Flugeinsatzes, Major David M. Critchlow aus Sacramento, Kalifornien, im Cockpit der B-52 Platz, die auf der Startbahn von Eniwetok bereitstand. Er und der Pilot, Major Charles Smith, gingen die umfangreichen Kontrollen durch. Alle Systeme arbeiteten; die Bombe war in ihrem Schacht verstaut. Die Maschine donnerte die Startbahn entlang, hob an und stieg in die Dunkelheit. Navigator und Bombenschütze Major Dwight E. Durner überwachte den Kurs. Bald näherte sich der Bomber seinem Ziel, der winzigen Bikini-Insel Namu, 350 Kilometer ostwärts von Eniwetok.

Ein Lichterkreuz am Boden markierte den Zielpunkt. Smith, der in 15 000 Meter Höhe anflog, passierte die Insel, um wie befohlen eine Acht zu fliegen und erneut auf das Ziel zuzuhalten. Mittlerweile gab Durner die vom Computer errechneten Höhen-, Geschwindigkeits- und Windkorrekturen ein. Als der Düsenbomber auf den Abwurfpunkt zusteuerte, richtete Durner das Fadenkreuz seines automatischen Bombenzielgeräts auf den Zielpunkt aus. Um genau 5.50 Uhr leuchtete ein rotes Licht auf. Dann öffnete sich der Bombenschacht und gab die Bombe frei.

Die Geschwindigkeit des Flugzeugs, das mit fast 1000 Stundenkilometern dahinraste, brachte den mächtigen Sprengkörper auf eine lange, bogenförmige Flugbahn. Elf Kilometer voraus lag in einer Höhe von 4600 Metern über dem Meeresspiegel sein Detonationspunkt. Smith führte sofort das Abflugmanöver aus. Er zog den Bomber in eine 180-Grad-Kurve, in der er Höhe aufgab, um keine Fahrt zu verlieren. Nach 60 Sekunden zündete die Bombe. Ein unnatürliches Licht erfüllte das Cockpit, und die Maschine bockte in der Turbulenz. Doch sie war inzwischen 24 Kilometer vom Explosionspunkt entfernt und in Sicherheit. Das Unternehmen war in jeder Hinsicht erfolgreich verlaufen.

Aber in den Wochen danach drangen Nachrichten an die Öffentlichkeit, wonach der Test doch nicht so perfekt geglückt war. Die Bombe hatte Namu, so schien es, um fast sechseinhalb Kilometer verfehlt. Offenbar hatte der Bombenschütze in der Aufregung den Korrekturwert für die Windabtrift zweimal eingegeben, einmal beim Überfliegen des Ziels und ein zweites Mal unmittelbar vor dem Abwurf. Aus diesem Grund war die Bombe nicht über ihrem Ziel explodiert.

Die Tatsache, daß ein Fehler vorgekommen war, gab in aller Welt Anlaß zu besorgten Fragen. Was, wenn eine H-Bombe nicht zündete? Was, wenn eine H- oder A-Bombe irrtümlicherweise ausgeklinkt wurde? Was, wenn ein Bomber mit einer Bombe an Bord abstürzte?

Unter LeMays rigoroser Führung hatte sich die Unfallrate beim SAC auf ein beispielhaftes Minimum verringert – von 65 auf drei oder vier Flugzeuge, die pro 100 000 Flugstunden zu Bruch gingen oder schwer beschädigt wurden. Die meisten Unfälle ereigneten sich bei Übungsflügen, bei denen keine nuklearen Waffen mitgeführt wurden. Doch auch die strengsten Sicherheitsvorkehrungen konnten gelegentliche Zwischenfälle nicht verhindern. Informationen darüber wurden in militärischen Kreisen aus verständlichen Gründen geheimgehalten.

Doch eines Nachmittags im März 1958 trat ein Ereignis ein, das sich jeglicher Geheimhaltung entzog. Eine Explosion erschütterte die kleine Gemeinde Mars Bluff in South Carolina. Die Detonation hatte nicht gerade apokalyptisches Ausmaß, aber sie riß ein Riesenloch in den Garten des Lokomotivführers Walter Gregg und deckte das Dach seines Hauses ab.

Ein B-47-Bomber des SAC, der eine Atombombe mitführte, hatte sich auf einem regulären Einsatzflug über South Carolina befunden, als

Nach einem Erdumrundungsflug in rekordbrechenden 45 Stunden und 19 Minuten werden B-52-Besatzungen 1957 auf dem Luftstützpunkt Castle in Kalifornien begrüßt.

Bomber wurden während des Flugs fünfmal in der Luft betankt.

plötzlich der Bügel, der die Bombe sicherte, nachgab. Die Bombe war nicht scharf gemacht und konnte nicht explodieren, wohl aber die TNT-Ladung, die sie enthielt und die als Zünder für den nuklearen Sprengsatz diente. Ein Mitglied der Besatzung versuchte fieberhaft, die Bombe zu sichern, doch noch während er arbeitete, gab der Bügel endgültig nach, und die Bombe fiel heraus. Sie schlug in Greggs Gemüsegarten auf, und das TNT explodierte. Glücklicherweise entstand nur Sachschaden.

Nach diesem peinlichen Zwischenfall beeilte sich die Regierung, auf die mehrfache Absicherung der Bombe hinzuweisen. „Die Explosion dieser Waffe beweist die Richtigkeit der kürzlich vom Verteidigungsministerium getroffenen Feststellung, daß die Detonation einer nicht scharf gemachten Bombe keine Atomexplosion nach sich zieht", erklärte der Verteidigungsminister Neil H. McElroy. Anschließend fügte er hinzu: „Ich kann nur sagen, daß wir in gefährlichen Zeiten leben."

Die Bombe von Mars Bluff löste in Europa und Asien eine Welle des Protestes aus. Konnte eine ungewollte Atomexplosion auf der einen oder anderen Seite den Dritten Weltkrieg auslösen? lautete die Frage, die überall mit größter Besorgnis gestellt wurde.

Das SAC antwortete mit einem entschiedenen Nein und verwies auf ein ausgefeiltes System von Sicherungsverfahren. Getreu dem Grundsatz, daß ein System, das versagen kann, auch versagen wird, hatte das SAC so viele Kontrollen und Gegenkontrollen in die Handhabung und Beförderung von nuklearen Bomben eingebaut, daß ein unbeabsichtigter Einsatz dieser Waffen ausgeschlossen sei. Nichts könne einen ungewollten Krieg auslösen, behauptete das SAC – weder technisches Versagen noch Störungen des Funkverkehrs oder gar ein verrückt gewordener Pilot, der es darauf anlegte, Rußland im Alleingang zu vernichten. Die Führungs- oder Elitebesatzungen, die mit der Beförderung nuklearer Waffen betraut wurden, wurden eingehend überprüft, psychologisch getestet und auf einen höchstmöglichen Leistungsstand gedrillt. Vor jedem Flug erhielt der Flugzeugkommandant einen verschlossenen, orangefarbenen Kasten, in dem sich Karten, Kodes, Radarinformationen und Anweisungen für die Schärfung des Zündmechanismus der Bombe befanden. Nach der Vorflugkontrolle blieb der Kasten verschlossen, bis der Kommandant durch einen verschlüsselten Funkspruch entweder des SAC-Befehlszentrums auf dem Stützpunkt Offutt bei Omaha, Nebraska, oder der fliegenden SAC-Kommandozentrale den Befehl zum Öffnen erhielt. Kam der Einsatzbefehl, bedurfte es immer noch zweier anderer Besatzungsmitglieder, um das Schloß zu öffnen, die erforderlichen Knöpfe zu drehen und die Stromkreise zu schließen, die die Bombe in scharfen Zustand brachte.

Ebenso strenge Sicherheitsvorkehrungen waren für die Flüge der Bomber erarbeitet worden. Nicht nur, daß die Flugstrecken im voraus Kilometer für Kilometer genau berechnet waren; sie wurden auch von Anfang bis Ende von Bodenradarstellen verfolgt. Jede Abweichung vom vorbestimmten Flugplan wurde sofort registriert. Wenn auch nur die Möglichkeit bestand, daß ein Pilot ohne entsprechenden Befehl auf die Sowjetunion zusteuerte, stiegen vom nächsten amerikanischen Stützpunkt sofort zwei Düsenjäger auf, um ihn abzufangen.

Um allen Eventualitäten vorzubeugen, legte das SAC eine unsichtbare Grenze fest, die sogenannte Fail-Safe-Linie, an der jeder Bombereinsatz zu enden hatte. Ohne ausdrücklichen Befehl des Präsidenten durfte diese Linie von keinem bewaffneten SAC-Bomber überflogen werden. Dieser Befehl gelangte verschlüsselt an die SAC-Zentrale und wurde von dort erst dann an die einsatzbereiten – und im Krisenfalle bereits in der Luft befindlichen – Bomber weitergeleitet, wenn er durch Rückruf beim

Präsidenten bestätigt worden war. Der Bomberkommandant erhielt zwei Befehle, die vor der Ausführung ebenfalls durch Rückruf über Funk bestätigt werden mußten. Der erste beorderte den Bomber zur Fail-Safe-Linie, der zweite enthielt die verschlüsselte Anweisung, sie zu überfliegen. Wenn die Bomber sich der Trennungslinie näherten und keinen weitergehenden Befehl erhielten, kehrten sie automatisch um.

Während kein SAC-Bomber je Order bekommen hatte, seine nukleare Fracht weiter als bis zur Fail-Safe-Linie zu befördern, war das Überfliegen der Linie für eine Reihe anderer, speziell ausgerüsteter Strahlbomber des SAC Routinesache. Es handelte sich um zu Aufklärern umgerüstete Maschinen, die statt Bomben Kameras oder elektronische Abhörgeräte an Bord hatten. Ihre Aufgabe bestand darin, Überwachungsflüge entlang der Grenzen der Sowjetunion durchzuführen und Informationen über das System von Radarabwehrstationen einschließlich ihrer Zahl und Frequenzen zu sammeln. In der Nähe der Grenze stießen diese Maschinen häufig auf Düsenflugzeuge der anderen Seite, genau wie ihre sowjetischen Kollegen, wenn sie sich zu nahe an die amerikanische Grenze vorwagten.

Am 1. Juli 1960 steuerte Major Willard G. Palm einen RB-47-Bomber der Aufklärungsversion über die eisige Barentssee vor der sowjetischen Nordpolarmeerküste. Im Sitz hinter ihm saß Copilot Hauptmann F. Bruce Olmstead und suchte den Himmel nach sowjetischen Flugzeugen ab. Unten im Bombenschacht, einem gesonderten Raum, der mit Radarschirmen, Computern, elektronischen Abhörgeräten und Navigationsinstrumenten vollgestopft war, befanden sich drei Elektronik-Offiziere, die das sowjetische Radarnetz überwachten.

Palm ging parallel zur Halbinsel Kola auf Ostkurs und hielt sich in weitem Abstand von der Küste, um nicht in den sowjetischen Luftraum einzudringen. Sein Navigator, Hauptmann John R. McKone, der über einen kleinen Tisch im Bug des Bombers gebeugt saß, bestätigte ihm über die Bordsprechanlage die Position: 80 Kilometer nördlich der Küste mit Kurs auf Svjatoi Nos, das Heilige Kap, eine unverkennbare Landmarke der Halbinsel. In wenigen Minuten mußte Palm eine weite Linkskurve einleiten, die ihn vom Kap weg nach Norden führen sollte.

In diesem Moment hörte Palm die Stimme seine Copiloten Olmstead im Kopfhörer: „Bill, sieh mal nach rechts. Wir haben einen Fremden in 3-Uhr-Position über uns.“ Es war nicht ungewöhnlich, daß Aufklärer bei ihren Spüreinsätzen von Abfangjägern der Gegenseite beobachtet wurden. Infolgedessen machte Palm sich keine sonderlichen Sorgen, als er eine sowjetische MiG hinter sich sah.

„Behalt ihn im Auge“, befahl er und ließ sich noch einmal die Position durchgeben, um sicherzustellen, daß er sich über internationalem Gewässer befand. Kurz darauf war die MiG verschwunden.

Aber nicht für lange. Palm begann, seine Linkskurve einzuleiten, als dieselbe oder eine andere MiG von rechts heransauste. Sie passierte so dicht, daß sie fast das Flügelende der RB-47 rammte, die gerade Querlage einnahm. „Wo zum Teufel kam der denn her?“ fragte Palm. Die MiG drehte ab, zog herum und schloß mit rasender Geschwindigkeit von hinten auf, während sie das Feuer eröffnete. Die Geschosse streiften die linke Tragfläche des amerikanischen Bombers.

Die RB-47 war mit zwei ferngesteuerten 20-mm-Kanonen in Heckgefechtsständen bewaffnet, die Olmstead bediente. Er versuchte, das Feuer des Russen zu erwidern, indem er das Zielverfolgungsradar einschaltete. Aber die MiG war inzwischen so nahe herangekommen, daß sie den ganzen Schirm ausfüllte und kein klares Bild abgab. Er stellte auf das visuelle Zielgerät um, doch es war schon zu spät. Zwei der drei linken

Triebwerke des Bombers hatten infolge des Beschusses Feuer gefangen, und die Maschine ging in flaches Trudeln über. Es bedurfte Olmsteads ganzer Erfahrung und Konzentration, zusammen mit Palm den Bomber unter Kontrolle zu bringen. „Alles fertigmachen!“ rief der Major seiner Besatzung zu. Mittlerweile drehte die MiG zum nächsten Anflug ein, um einen weiteren Feuerstoß abzugeben. Lodernde Flammen schlugen aus der Tragfläche des Bombers und zogen sich an der linken Rumpfseite entlang. Palm zögerte keinen Augenblick. „Alles raus!“ ordnete er an.

Sich in 9000 Meter Höhe mit dem Schleudersitz aus einem Strahlbomber zu retten ist keine Kleinigkeit. Man drückt einen Knopf auf einem Hebel neben dem Sitz und wird durch einen Sprengsatz mit betäubender Geschwindigkeit ins Freie katapultiert. Als nächstes gerät man in die Wirbelschleppe – einen Luftstrom, der bei einem Düsenflugzeug, welches mit rund 800 Stundenkilometern fliegt, mit elf Kilometern in der Minute Orkanstärke erreicht. Schließlich fällt man im freien Fall ungefähr fünf Kilometer in die Tiefe, bis die Atmosphäre den Sturz genügend abgebremst hat, daß sich in 4000 Meter Höhe der Fallschirm gefahrlos öffnen kann.

Das um sich greifende Feuer und die zunehmende Manövrierunfähigkeit des Bombers ließen Olmstead keine andere Wahl. Als er mit seinem Sitz herausgeschleudert wurde, traf ihn ein solcher Schlag, daß er sich einen Wirbel brach und ohnmächtig wurde. In 4000 Meter Höhe öffnete sich mit einem kräftigen Ruck automatisch der Fallschirm, der seine Fallgeschwindigkeit von 225 auf 24 Stundenkilometer verringerte. Mehrere hundert Meter über der Wasseroberfläche kam er wieder zu sich, gerade noch rechtzeitig, um seine Notausrüstung und das sich automatisch aufblasende Schlauchboot auszuklinken. Als er auf dem Wasser aufschlug, löste er die Fallschirmgurte und kämpfte sich trotz der Schmerzen durch das eiskalte Wasser zum Schlauchboot. Als er hineinkletterte, schlug neben ihm ein anderer Fallschirm auf. Es war McKone. Auch er hatte beim Ausstieg eine Zeitlang das Bewußtsein verloren, war aber unverletzt geblieben und in der Lage, in sein Schlauchboot zu klettern.

Amerikanische Radarbeobachter verfolgten den Weg des brennenden Strahlbombers noch 20 Minuten lang. Palm versuchte sich offenbar ebenfalls mit dem Fallschirm zu retten. Aber er überlebte nicht. Drei Tage später fanden die Russen seine Leiche, die sie den Amerikanern überstellten. Er wurde mit allen militärischen Ehren auf dem Nationalfriedhof Arlington beigesetzt. Das Schicksal der Elektronik-Offiziere blieb ungeklärt.

Olmstead und McKone wurden nach sechseinhalb Stunden von sowjetischen Trawlern aus dem Meer geborgen und sieben Monate lang gefangengehalten. Die Anklage gegen sie lautete auf Spionage und Verletzung des sowjetischen Luftraums, obwohl die Beobachtungen amerikanischer Radarstationen, die den Flug verfolgt hatten, klar das Gegenteil bewiesen. Tatsächlich gab es nicht den geringsten Zweifel, daß der sowjetische Pilot, ein Hauptmann Wasili A. Poljakow, gegen einen Grundsatzbefehl seines eigenen Kommandos verstoßen und ein Flugzeug über internationalem Gewässer angegriffen hatte. Über Poljakows Beweggründe wurde nichts bekannt. Möglicherweise hatte er in einem Anfall von Kampflust gehandelt; vielleicht war er sich auch nur über seine Position im unklaren gewesen. Am 24. Januar 1961 kehrten Olmstead und McKone dank einer Geste des guten Willens der Sowjets gegenüber Präsident John F. Kennedy, der vier Tage zuvor sein Amt angetreten hatte, in ihr Heimatland zurück.

Die Aufklärungseinsätze entlang der sowjetischen Grenzen gehörten sicherlich zu den Aufgaben des SAC, bei denen die Gefahr für die Sicherheit des Personals am offenkundigsten zutage trat. Aber auch die täglichen

Routineflüge bargen Risiken, denn die Beherrschung der Strahlflugzeuge stellte hohe Anforderungen. Zu den nervenaufreibendsten Momenten eines jeden Flugeinsatzes zählten die 20 Minuten, in denen sich ein Strahlbomber zur Luftbetankung von hinten auf eine Entfernung von etwa sechs Metern unter das Heck eines Tankers heranmanövrierte. Ein Höchstmaß an Präzision war erforderlich, nicht nur von seiten des Bomberpiloten und seines Navigators, sondern auch der Tankerbesatzung.

Besonders tückisch war das Tankmanöver in den Anfangstagen des SAC, als lediglich propellergetriebene KC-97-Tankflugzeuge zur Verfügung standen. Voll beladen erreichten die schwerfälligen Maschinen eine Höchstgeschwindigkeit, die in gefährlicher Nähe zur Landegeschwindigkeit der B-47- und B-52-Bomber lag. Aus diesem Grunde wurde die Luftbetankung häufig im flachen Sinkflug durchgeführt. Von 1957 an ersetzte das SAC seine KC-97 nach und nach durch den neuen KC-135-Stratotanker, den Boeing auf der Grundlage desselben Prototyps entwikkelt hatte, aus dem auch das erfolgreiche Verkehrsflugzeug Boeing 707 hervorging. Die KC-135 erreichte Geschwindigkeiten von über 950 Stundenkilometern und erleichterte das Tankmanöver insofern, als Bomber und Tanker bequem die gleiche Geschwindigkeit halten konnten. Dennoch blieb das Tankverfahren für zwei fliegende Kolosse in unruhiger Luft immer ein Problem. Zwischenfälle waren unvermeidlich. Die meisten erregten wenig Aufmerksamkeit. Ein Unfall dagegen versetzte die Welt erneut in Angst und Schrecken vor der nuklearen Gefahr.

Am 16. Januar 1966 startete auf der amerikanischen Flugbasis Seymour Johnson in North Carolina ein B-52-Bomber, der mit vier nicht scharf gemachten Wasserstoffbomben mit der Stärke von je 1,5 Megatonnen beladen war, zu einem Routineflug. Die Maschine trug ihre tödliche Fracht zum südwestlichsten Zipfel der Sowjetunion, patrouillierte neun oder zehn Stunden nahe der Grenze und machte sich auf den Rückflug. Dann ereignete sich die Katastrophe. Beim Betanken über Südostspanien am nächsten Morgen kam es aus ungeklärten Gründen zu einer Kollision

zwischen der B-52 und dem KC-135-Tanker. Bewohner des Dorfes Palomares sahen in 9000 Meter Höhe einen Lichtblitz, dann einen Feuerball. Brennende Trümmer, zum Teil größer als die Häuser des Dorfes, regneten auf Palomares und die umliegenden Tomaten- und Bohnenfelder herab. Sieben Amerikaner starben – drei Besatzungsmitglieder des Bombers und alle vier Insassen des Tankers. Aus der B-52 konnten sich vier Männer mit dem Fallschirm retten. Sie trieben über das offene Meer hinaus und wurden von Fischern geborgen.

Die große Frage war, wo die vier Wasserstoffbomben, die die B-52 an Bord gehabt hatte, geblieben waren. Drei wurden innerhalb eines Tages gefunden, eine in einem Flußbett, eine in den Bergen und eine in der Nähe einer Reihe von Häusern. Bei zwei war die TNT-Ladung ganz oder teilweise losgegangen. Bei den Explosionen war die Bombenhülle aufgerissen und das radioaktive Material in der Umgebung verstreut worden. Das Verteidigungsministerium schickte mehr als 1000 Mann aus seinen radiologischen Einheiten, die, durch Gesichtsmasken und undurchlässige Anzüge geschützt, drei Wochen lang verseuchten Boden und Bewuchs abtrugen. Es waren insgesamt rund 13 000 Tonnen, die in 4879 200-Liter-Fässern versiegelt und zu einer Spezialdeponie in den Vereinigten Staaten transportiert wurden. Die vierte Bombe blieb zunächst verschwunden. Sie war – wie die Überlebenden der B-52 – ins Mittelmeer gefallen. Ein Suchtrupp der amerikanischen Marine mit 33 Schiffen, vier Tauchfahrzeugen, 120 Froschmännern und über 3000 Mann Besatzung brauchte zwei Monate, sie zu finden. Die 2250 Kilogramm schwere, drei Meter lange Bombe wurde schließlich acht Kilometer vor der Küste in einer Tiefe von fast 800 Metern entdeckt. Bei jedem Versuch, sie zu heben, schien sie nur tiefer abzusinken. Am 7. April wurde sie schließlich von dem Bergungsverband der amerikanischen Marine mit Hilfe eines unbemannten Torpedo-Bergungsfahrzeugs mit der Bezeichnung CURV (Cable Controlled Underwater Research Vehicle) gehoben.

Bei einer Alarmübung auf dem Luftstützpunkt Loring in Maine rollen schwerfällige Waffentraktoren an, um die Maschinen eines B-52-Geschwaders mit ihrer tödlichen atomaren Fracht zu beladen. Solche überraschenden, Operational Readiness Inspection genannten Übungen finden in unregelmäßigen Abständen auf allen SAC-Basen statt, um Inspekteuren Gelegenheit zu geben, die Leistungsfähigkeit einer jeden Einheit unter simulierten Kampfbedingungen zu überprüfen.

Die Besorgnis der Öffentlichkeit über das nukleare Waffenarsenal beider Seiten wuchs mit dem technologischen Fortschritt, den sowohl die Sowjetunion als auch die Vereinigten Staaten erzielten. Zwischen 1958 und 1962 erhielt das SAC neue Interkontinentalraketen, die ihre Ziele mit Hilfe eingebauter elektronischer oder radargelenkter Navigationssysteme ansteuerten. Das SAC und sein sowjetischer Gegenpart bauten unterirdische Silos, in denen sie zum gegenseitigen Beschuß gewaltige Raketen mit Mehrfachsprengköpfen lagerten. Außerdem hatten sie eine Reihe kleinerer Lenkraketen entwickelt, die vom Flugzeug aus abgefeuert werden konnten. Eine der strahlgetriebenen Luft-Boden-Raketen, die von North American gebaute Hound Dog, trug einen Atomsprengkopf von der Stärke einer Megatonne. G- und H-Versionen der B-52 konnten mit zwei Hound Dogs an Außenaufhängungen unter den Tragflächen bewaffnet werden. Die Hound Dog war in der Lage, ihre Ziele in 150 Kilometer Entfernung mit mehr als zweifacher Schallgeschwindigkeit anzufliegen, erreichte auf einer höheren Flugbahn aber auch Ziele in 1000 Kilometer Entfernung. Ein störungssicherer Computer lenkte die Rakete ins Ziel. Die Abschußhöhe der Raketen lag ganz im Ermessen des Bomberkommandanten zwischen fast 17 000 Metern und Baumwipfelhöhe. Die Rakete konnte sogar unebenes Gelände im Tiefstflug überwinden, um ein Raketensilo oder eine Radarstation des Gegners zu vernichten.

Während Luft-Boden-Raketen wie die Hound Dog den SAC-Bombern die Möglichkeit eröffneten, gegnerische Verteidigungsanlagen auszuschalten, wurden die Bomber ihrerseits durch die Entwicklung einer anderen Art

von Raketen immer verwundbarer. Sowohl die Sowjetunion als auch die Vereinigten Staaten hatten ein tödliches Potential von Waffen aufgebaut, die sich mit Hilfe elektronischer oder Infrarot-Zielsucheinrichtungen an einen gegnerischen Jet hängten und ihn zerstörten. Dazu gehörten Boden-Luft-Raketen, die von der Erde abgefeuert wurden, wie die russische SAM. Andere wurden von strahlgetriebenen Abfangjägern wie der amerikanischen Convair F-102 Delta Dagger und der sowjetischen MiG-21 unter den Flächen mitgeführt. Die amerikanische Luft-Luft-Rakete Sidewinder, eine Entwicklung von Ford Aerospace/Raytheon, hatte einen Infrarot-Zielsuchkopf. Im Jahre 1961 kam es während einer Übung über New Mexico zu einem Unfall mit einer Sidewinder, dessen Opfer die Besatzung eines B-52-Bombers des SAC wurde.

Die B-52 war vom Stützpunkt Biggs in der Nähe des texanischen El Paso zu simulierten Radarangriffen auf verschiedene amerikanische Städte gestartet. An Bord befand sich, entsprechend dem Übungsplan, eine achtköpfige Besatzung, zwei Mann mehr als üblich: Pilot und Copilot, zwei Navigatoren, ein Elektronik-Offizier, der die im Ernstfall zur Störung des gegnerischen Radars bestimmten Geräte bediente, ein weiterer Elektronik-Offizier, der die Aufgabe hatte, die Feindelektronik zu analysieren, ein Bordmechaniker, der die komplizierten Systeme des Bombers überwachte, sowie ein Bombenschütze im separaten Heckstand, der eine radargelenkte 20-mm-Kanone bediente.

Der Überschallbomber B-1 mit Schwenkflügeln, hier bei einem Erprobungsflug über Kalifornien, ist in der Lage, ohne Auftanken in den Luftraum der Sowjetunion und zurück zu fliegen. Mit Terrainfolgeradar ausgerüstet, kann er im Ernstfall so tief über dem Boden fliegen, daß er von gegnerischen Abfangjägern kaum gesichtet werden dürfte.

Damit die im übrigen routinemäßige Übung einen realistischen Anstrich bekam, sollte der Bomber irgendwo über der Wüste von „feindlichen" Jagdflugzeugen abgefangen werden. Es handelte sich um Düsenjäger des Typs North American F-100 Super Sabre, Nachfolgemuster des ersten serienmäßig gebauten Überschalljägers F-86 Sabre. Die Maschinen, die von erfahrenen Piloten der Air National Guard in Kirtland, New Mexico, geflogen wurden, führten scharfe Munition mit: 20-mm-Geschosse für die vier Bugkanonen und zwei Sidewinder-Raketen an Außenaufhängungen unter den Flächen. Ein Abfeuern der Kanonen oder Raketen war natürlich nicht vorgesehen; beide waren elektronisch mehrfach gesichert. Das Übungsschießen erfolgte mit Radar.

Als der mächtige Bomber mit annähernd 960 Stundenkilometern in rund 11 000 Metern Höhe die Wüste überflog, rief der Kommandant, Hauptmann Don Blodgett, über Bordfunk den Heckschützen, Feldwebel Ray Singleton: „Heckschütze, hier Kommandant."

„Kommandant, hier Heckschütze, kommen."

„Ray, in Kürze werden die Kameraden von der National Guard zu ihren Angriffen auftauchen. Halt die Augen offen."

„Verstanden, Sir."

Ein paar Minuten später entdeckte Singleton die Kondensstreifen von zwei F-100. Die Jäger näherten sich mit rasender Geschwindigkeit und zogen über den Bomber hinweg, bevor er sie richtig ins Visier bringen konnte. Der Angriff, der von Oberleutnant James Van Sycoc geführt wurde, schien ein voller Erfolg zu werden. In seiner zehnjährigen Dienstzeit hatte Van Sycoc über 1000 Stunden auf Düsenjägern geflogen und seine Technik vervollkommnet. Das Bodenleitradar hatte ihn mit der gewohnten Präzision an den Bomber herangeführt.

Die zweistrahlige sowjetische Tupolew Tu-22M, wie die B-1 ein Schwenkflügelbomber, ist der gefährlichste strategische Bomber der sowjetischen Luftwaffe. Die Maschine mit der NATO-Bezeichnung „Backfire" hat eine auf Mach 2 geschätzte Höchstgeschwindigkeit und trägt insgesamt 11 Tonnen Bomben und Raketen. Der B-1 ist sie allerdings an Reichweite unterlegen, was bedeutet, daß sie auf dem Flug zum amerikanischen Kontinent betankt werden müßte.

Bevor Van Sycoc zum simulierten Raketenangriff anflog, hatte er noch einmal die Sicherheitsschalter und Stromkreisunterbrecher geprüft, die den Auslösemechanismus der Kanonen und Raketen außer Betrieb setzten. Sie standen ausnahmslos auf „Safe" – gesichert. Bereits der erste Radar-Angriff brachte ihm den erhofften „Abschuß". Van Sycoc drehte zum zweiten Anflug ein. Ein Blick auf die Tankanzeige sagte ihm, daß er

1
2
1
2
1
3
4

nicht mehr viel Treibstoff hatte. Er rief seinen Rottenflieger: „Okay, noch einen Angriff, und wir kehren um."

Als Van Sycoc ein zweites Mal auf das Heck des Bombers zusteuerte, fühlte er plötzlich ein leichtes Rucken. Etwas Langes, Zigarrenförmiges schoß davon. Das Unmögliche war geschehen. Erst ungläubig, dann von Angst gepackt drückte er den Sendeknopf: „Aufpassen!" schrie er. „Eine meiner Raketen ist losgegangen!"

Doch es gab kein Entkommen. Mit tödlicher Sicherheit nahm die Sidewinder die Spur der heißen Abgase auf, die das linke Doppeltriebwerk des Bombers hinter sich herzog. Sie fand ihr Ziel, und die Triebwerke explodierten in einem orangefarbenen Lichtblitz und schwarzem Qualm. Der Bomber rollte ruckartig nach links und stürzte wild trudelnd in die Tiefe.

Fünf Insassen konnten sich mit dem Fallschirm retten und landeten in der Einöde des nahen Mount Taylor. Für die drei anderen in dem Bomber eingeschlossenen Besatzungsmitglieder – einen Elektronik-Offizier und die beiden Navigatoren – gab es keine Rettung. Sie prallten mit dem brennenden, weißglühenden Bomber gegen den Berg.

Suchflugzeuge und Rettungshubschrauber fanden den Piloten Don Blodgett, den Heckschützen Ray Singleton und den Elektronik-Offizier Hauptmann George Jackson. Alle drei waren schwer verwundet. Blodgett hatte einen Beckenbruch, Jackson einen Wirbelsäulenbruch und Singleton furchtbare Verbrennungen erlitten.

Während die Suche nach den übrigen Besatzungsmitgliedern weiterging, verschlechterte sich das Wetter. Es war Anfang April, und ein Frühlingssturm mit eisigen Winden von 110 Stundenkilometern Geschwindigkeit und starkem Schneefall kam auf. Das Unwetter hielt die ganze Nacht und den folgenden Tag über an.

Am 9. April klarte der Himmel auf, und die Flugzeuge setzten unverzüglich ihre Suche fort. Jemand sah einen Lichtblitz am Boden. Er kam von Feldwebel Manuel Mieras, dem Bordmechaniker, der mit einem kleinen Spiegel aus der Notausrüstung Zeichen gab. Er hatte ein Bein gebrochen, war im übrigen aber unverletzt geblieben. Schließlich fanden die Männer auch Copilot Hauptmann Ray Obel, der zwischen Kakteen niedergegangen war. Er hatte sich Fleischwunden zugezogen und litt an den Folgen der Witterung, vor allem der Kälte.

Welches technische oder menschliche Versagen hatte diese Katastrophe verursacht? Eine winzige Kleinigkeit, wie sich herausstellte. Van Sycoc traf keine Schuld. Seine Sicherheitsschalter standen ausnahmslos in der richtigen Position, wie die spätere Untersuchung ergab. Seine beiden Raketen waren darüber hinaus auf eine bestimmte Abfolge vorprogrammiert, und die zweite war losgegangen – theoretisch ein Ding der Unmöglichkeit. Aus diesem Grunde bauten die Techniker in Albuquerque die Sicherungsstromkreise auseinander. Sie fanden den Fehler: Ein kleiner Wassertropfen hatte einen Stromkreis überbrückt und die Rakete zum Abschuß freigegeben. Die Sidewinder hatte sich selbständig gemacht.

Doch solche Zwischenfälle ereigneten sich äußerst selten. In den Tausenden von Einsätzen, die das SAC in den Jahrzehnten nach dem Zweiten Weltkrieg flog, in all den Millionen Stunden, die seine Besatzungen bei Übungen und in Alarmbereitschaft in der Luft verbrachten, blieben Menschen- und Materialverluste gering. Keine zufällige Bombenexplosion hatte die Menschheit in den Atomkrieg gestürzt. Vielmehr hatten die mächtigen SAC-Strahlbomber in ihrer Rolle als wichtigstes amerikanisches Abschreckungsinstrument die Welt immer wieder vor dem Ausbruch eines Krieges bewahrt. Noch nie hatte ein Land ein derartiges militärisches

Das Photo, das 1962 von einem U-2-Aufklärer aufgenommen wurde, läßt geometrische Gebilde erkennen: Acht Mittelstreckenraketen (1), die Städte in den Vereinigten Staaten erreichen können, sind auf Sattelschleppern neben ihren Abschußrampen (2) deponiert; in der Nähe stehen Tankwagen (3). Mehrere Zelte (4) beherbergen die dort stationierten sowjetischen Bedienungsmannschaften.

Übergewicht besessen wie die Vereinigten Staaten und es auch zur Geltung gebracht – und zwar vor allem, um andere daran zu hindern, ihre Stärke zu kriegerischen Auseinandersetzungen zu mißbrauchen.

Zu einer der eindrucksvollsten Demonstrationen des Abschreckungspotentials des SAC kam es im Herbst 1962 über der Karibik. Die Spannungen in der Welt näherten sich einem neuen Höhepunkt. Die Sowjetunion hatte ein riesiges Arsenal von Raketen und Atomsprengköpfen aufgebaut. Keine davon war in der Lage, Amerika von sowjetischem Territorium aus zu erreichen. Aber es war den Sowjets gelungen, eine Reihe von Kosmonauten auf eine Umlaufbahn um die Erde zu schicken. Ein Jahr zuvor hatten die Sowjets eine 58-Megatonnen-Bombe gezündet – es war der größte Atomtest aller Zeiten. In Berlin hatten die Kommunisten eine Mauer gebaut, um den sowjetischen Sektor der nach dem Zweiten Weltkrieg von den Alliierten gemeinsam regierten Stadt gegen den Westen abzuriegeln. Vor diesem Hintergrund der wachsenden Unruhe und Kriegsgefahr versetzte General Thomas S. Power, der LeMay im Juli 1957 im Rahmen einer normalen Ablösung als Oberbefehlshaber des SAC gefolgt war, ein Drittel seiner SAC-Bomber am Boden in Alarmbereitschaft und erhöhte die Zahl der in der Luft patrouillierenden Bomber.

Vier F-8-Überschalljäger der amerikanischen Marine überfliegen Schiffe, die während der Kuba-Krise von 1962 aus dem amerikanischen Flottenstützpunkt in der Guantanamo-Bucht auslaufen. Flugzeuge und Schiffe standen bereit, um Frachter abzufangen, die militärisches Material aus der Sowjetunion nach Kuba transportierten.

Zu den Aufgaben des SAC in dieser Zeit gehörte es, Luftaufklärung über Kuba zu fliegen und sowjetische Waffenlieferungen an das kommunistische Regime Fidel Castros im Auge zu behalten. Die meisten dieser Waffen waren nicht strategischer Art – es handelte sich um Gewehre, Maschinenkanonen, Mannschaftswagen, Flugabwehrkanonen und dergleichen. Im Spätsommer 1962 aber trafen Waffenfrachter in beispielloser Zahl ein, die containerweise SAMs entluden. Selbst die stellten noch keine unmittelbare Bedrohung für die Vereinigten Staaten dar; die SAM-Raketen dienen vorwiegend der Abwehr angreifender Flugzeuge. Aber die Möglichkeit, daß ihnen größere Raketen – Mittelstrecken- und Fernraketen – folgen und amerikanische Städte dem atomaren Schrecken aussetzen könnten, bereitete Sorgen. Die Zahl der Aufklärungseinsätze wurde erhöht.

Für die Einsätze über Kuba bevorzugte das SAC einen langgestreckten, grauen Einsitzer von auffallender Eleganz, die Lockheed U-2, die speziell für Aufklärungsflüge über der Sowjetunion entwickelt worden war. Die einstrahlige Maschine hatte eine Spannweite von rund 25 Metern und war als eine Art Segelflugzeug mit Strahlantrieb für extreme Flughöhen ausgelegt. Ihre Dienstgipfelhöhe betrug erstaunliche 24 000 Meter. Sie lag höher als die eines jeden anderen Flugzeugs der damaligen Zeit und außerhalb der Reichweite der meisten Flugabwehrsysteme. Nur die allermodernste sowjetische Boden-Luft-Rakete konnte der U-2 gefährlich werden. Tatsächlich hatten die Sowjets zwei Jahre zuvor von ihr Gebrauch gemacht, als sie eine U-2 abschossen, mit der Francis Gary Powers für den amerikanischen Geheimdienst CIA einen Erkundungsflug über der Sowjetunion durchführte – ein Zwischenfall, der nicht unerheblich zu der derzeitigen gespannten Lage beigetragen hatte.

Aus 24 Kilometer Höhe beobachteten die U-2 die Insel. Ihre Spezialkameras lieferten Beweise einer alarmierenden Erweiterung der sowjetischen Präsenz. Die Sowjets installierten Dutzende von SAM-Raketen auf Stellungen rund um die Insel. Außerdem schifften sie eine beunruhigende Zahl von MiGs und zweistrahligen mittleren Bombern des Typs Il-28 ein.

Am 14. Oktober kehrten zwei U-2-Piloten, Major Rudolph Anderson Jr. und Major Richard S. Heyser, mit Aufnahmen von einer SAM-Stellung bei San Cristobal zurück, die alle Befürchtungen bestätigten. Sie zeigten den langen, glänzenden Zylinder einer großen Rakete, der aus einem Tarnzelt ragte. In unmittelbarer Umgebung standen mehrere Flüssigsauerstoff-

Tankwagen. „Wir sind uns doch darüber einig", sagte der führende amerikanische Bildauswerter Arthur C. Lundahl, „was wir hier sehen. Das ist eine Stellung für Mittelstreckenraketen."

Die Aufnahmen wurden eiligst zum Weißen Haus gebracht und Präsident Kennedy vorgelegt. Er prüfte sie, hörte sich Lundahls Analyse an und faßte seinen Entschluß. Es durfte nicht zugelassen werden, daß die Sowjetunion strategische Raketen in Reichweite der Vereinigten Staaten in Stellung brachte. Auf Kennedys Befehl trafen die amerikanischen Streitkräfte alle Vorbereitungen für den Ernstfall. Die Marine fuhr in der Karibik auf, um eine Blockade zu errichten. Sie hatte Befehl, jedes sowjetische Schiff anzuhalten, zu durchsuchen und zurückzuschicken. Marineinfanteristen und -fallschirmjäger bereiteten die Landung auf Kuba vor. Alle SAC-Einheiten wurden in Alarmbereitschaft versetzt. Dutzende von B-47- und B-52-Bombern flogen 24-Stunden-Einsätze.

Die Krise verschärfte sich, und die Überwachungsflüge gingen weiter. Als Admiral George W. Anderson Jr., selbst Pilot und Chef der Marineoperationen, die Schwierigkeiten erläuterte, die es bereitete, sämtliche sowjetischen Schiffe auszumachen und zu verfolgen, kam ihm General LeMay, inzwischen Generalstabschef der amerikanischen Luftwaffe, zu Hilfe. „Geben Sie uns vier Stunden, und wir finden jedes Schiff auf dem Atlantik", sagte er. Von Stund an überschüttete er das Marineministerium mit zahllosen Aufklärungsphotos und Berichten, die Typ, Namen, Geschwindigkeit und Kurs jedes gesichteten Schiffs enthielten. Zur Unterstützung der U-2 setzte LeMay Überschalljäger des Taktischen Luftkommandos vom Typ McDonnell RF-101 Voodoo ein. Die Düsenjäger konnten den sowjetischen Radarschirm unterfliegen. Eine Voodoo flog ihr Ziel sogar in so niedriger Höhe an, daß sie fast mit einem Volleyball, den ein sowjetischer Techniker beim Spiel hochschlug, kollidierte.

Es war eine eindrucksvolle Demonstration der Stärke. Während der Kubakrise flogen Bomber, Tanker und U-2 des SAC 2088 Einsätze. In 48 532 Flugstunden wurden insgesamt mehr als 30 Millionen Flugkilometer zurückgelegt. Dennoch verlor das SAC nur fünf Mann seines Personals. Am 27. Oktober verunglückte eine B-52 beim Start auf dem Luftstützpunkt Kindley auf den Bermudas; vier Besatzungsmitglieder kamen ums Leben. Am selben Tag schossen die Kubaner eine U-2, an deren Steuer Major Anderson saß, mit einer sowjetischen SAM ab. Am Tag darauf gaben die Sowjets nach. Die von der amerikanischen Marine errichtete Blockade und die eindeutige Bedrohung durch das nukleare Arsenal des SAC veranlaßten sie, ihre Raketen abzubauen und in die Heimat zurückzuschicken. Die Krise endete ebenso schnell, wie sie sich entwickelt hatte.

In den siebziger und frühen achtziger Jahren verlagerte sich das nukleare Abschreckungspotential des SAC weitgehend auf landgestützte Fernraketen, die in Silos untergebracht waren. Die B-47-Bomber waren ausgemustert worden. Aber die B-52 flogen weiter, zum Teil gründlich verändert, leistungsstärker und mit moderneren Waffensystemen ausgerüstet. Einige der Maschinen waren alt genug, um von den Söhnen der ursprünglichen Piloten geflogen zu werden. Der SAC-Drill ging weiter mit seinen Alarmübungen und den 24-Stunden-Einsätzen, bei denen Atomsprengköpfe mitgeführt wurden. Geblieben war auch die Hoffnung, daß sie niemals eingesetzt würden. Während die Hauptaufgabe der Bomber ihre ständige Präsenz in der Luft blieb, kamen von Zeit zu Zeit andere Aufgaben auf sie zu. Wie ihre Vorgänger, die B-29 in Korea, wurden viele in einen Krieg mit konventionellen Waffen beordert, einen langen, erbitterten Krieg in einem anderen asiatischen Land, von dem die wenigsten Amerikaner vor Ausbruch der Kämpfe überhaupt wußten, wo es lag.

Die Strahlflugzeuge des Vietnamkriegs

Im Vietnamkrieg sahen sich amerikanische Piloten, so einer der Beteiligten, in „den bisher erbittertsten Kampf zwischen hochentwickelter Luft- und Bodenwaffentechnik und dem Menschen" verwickelt. Dieser erbarmungslose Kampf wurde aus der Luft mit verschiedenen Mitteln geführt: mit Höhenbombardements, bei denen es um die Zerstörung von Brücken und Eisenbahnlinien ging, mit Angriffen auf Raketen- und Geschützstellungen, mit Tiefangriffen zur Unterstützung der Bodentruppen und schließlich mit Luftkämpfen gegen feindliche Flugzeuge.

Um den unterschiedlichen Anforderungen gerecht zu werden, setzten Luftwaffe und Marine der Vereinigten Staaten praktisch alle Düsenflugzeugtypen, die sich in ihren Arsenalen befanden, gegen Vietcong und Nordvietnamesen ein.

Am Luftkrieg in Vietnam beteiligt waren der Jagdbomber F-100 *(rechts)*, der vor allem zur Erdkampfunterstützung im Süden eingesetzt wurde, die robuste, zuverlässige A-4 Skyhawk *(unten)*, der Jagdbomber F-105, der zwischen 1965 und 1969 75 Prozent der Kämpfe im Norden bestritt, die Grumman A-6 Intruder, ein mit modernster Elektronik ausgerüstetes Flugzeug und Amerikas bester Allwetter-Jagdbomber, und schließlich die F-4 Phantom, das vielseitigste Kampfflugzeug der Amerikaner.

Die fünf genannten Flugzeuge sind auf diesen und den folgenden Seiten abgebildet. Sie werden ergänzt durch die in der Sowjetunion gebaute MiG-21, ihren Hauptgegner, der gleichzeitig das in den siebziger Jahren weltweit am häufigsten eingesetzte Düsenflugzeug war, sowie die F-5, das technisch fortschrittlichste Strahlflugzeug der Südvietnamesen.

Auf Doppelseiten abgebildete Flugzeuge sind im richtigen Größenverhältnis zueinander und mit ihren tatsächlichen Kenn- und Abzeichen dargestellt; das Jahr der Einsatzreife steht in Klammern hinter der Typenbezeichnung.

NORTH AMERICAN F-100D SUPER SABRE (1954)
Die Super Sabre war der erste Überschalljäger der Luftfahrtgeschichte und das erste Flugzeug, bei dem hitzebeständige Titanlegierungen im Zellenbau verwendet wurden. Ihre Spitzengeschwindigkeit betrug 1380 Stundenkilometer, ihre Reichweite 1820 Kilometer. Letztere konnte allerdings durch Betankung in der Luft über den Einfüllstutzen auf der rechten Tragfläche verlängert werden. Die F-100 war mit vier eingebauten 20-mm-Kanonen, zwei 230-Kilo-Bomben an Aufhängungen an den Flächenwurzeln und zwei mittelschweren Napalmbomben an weiter außen liegenden Stationen unter den Tragflächen bewaffnet.

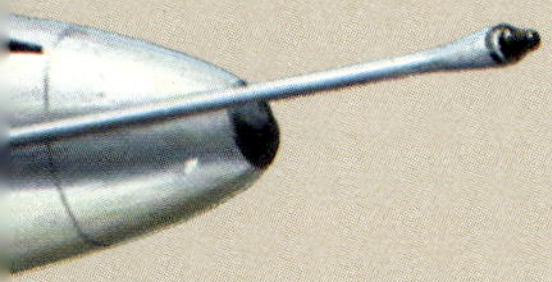

MCDONNELL DOUGLAS A-4E SKYHAWK (1956)
Die Skyhawk oder Scooter – Flitzer –, wie sie von den Piloten der amerikanischen Marine wegen ihrer Wendigkeit auch genannt wurde, ist hier so dargestellt, wie sie nach einem Einsatz auf ihren Flugzeugträger zurückkehrt – die Waffen abgefeuert, Klappen, Vorflügel und den Fanghaken ausgefahren. Das viereinhalb Tonnen schwere Strahlkampfflugzeug mit Deltaflügeln wurde von einem Pratt & Whitney J52-P-6A-Triebwerk angetrieben, das 3900 Kilopond Schub leistete und eine Geschwindigkeit von fast 1100 Stundenkilometern ermöglichte. Die Maschine konnte fast ihr Eigengewicht an Bomben und Raketen zuladen. Unter dem Rumpf befand sich ein 1135 Liter fassender, schotenförmiger Zusatztank.

MIKOJAN/GUREWITSCH MIG-21PF (1959)
Die MiG-21 – oben eine Maschine der nordvietnamesischen Luftwaffe – wurde unmittelbar nach dem Koreakrieg als erster Überschall-Tagabfangjäger der Sowjetunion entwickelt. Der Deltaflügler hatte eine Spitzengeschwindigkeit von 2330 Stundenkilometern und war neben zwei 37-mm-Kanonen mit zwei Atoll-Lenkraketen mit Infrarot-Zielsuchköpfen bewaffnet. Verschiedene Versionen der MiG-21 wurden in den siebziger Jahren von den Luftwaffen von 34 Ländern geflogen.

REPUBLIC F-105D THUNDERCHIEF (1958)
Die F-105D, die voll beladen ein Gesamtgewicht von etwa 19 Tonnen hatte, war bei ihrem Erscheinen der schwerste einsitzige Düsenjäger der Welt. Die abgebildete Maschine trägt unter dem Rumpf sechs 350-Kilo-Bomben und unter den Flächen Außenlastbehälter mit EloGM-Systemen zur Störung des gegnerischen Lenk- und Folgeradars. Die F-105 erreichte eine Spitzengeschwindigkeit von 2230 Stundenkilometern und war mit einer eingebauten 20-mm-Revolverkanone des Typs Vulcan bewaffnet, deren gewaltige Feuerkraft 6000 Schuß pro Minute leisten konnte.

MCDONNELL DOUGLAS F-4D PHANTOM II (1961)
Als „brutal-häßlich" empfanden Piloten die zweistrahlige Phantom, der wegen ihrer überragenden Leistungsfähigkeit gleichzeitig ihre ganze Anerkennung galt. Die Maschine, die eine Spitzengeschwindigkeit von 2550 Stundenkilometern hatte, wurde in Vietnam als Jäger zur Erkämpfung der Luftüberlegenheit sowie als Höhen- und Jagdbomber eingesetzt. Das abgebildete Muster ist mit zwei Luft-Luft-Raketen des Typs Sparrow bewaffnet und trägt in der Mitte unter dem Rumpf eine Vorrichtung zur Markierung des Ziels mit einem Laserstrahl, auf dem die Luft-Boden-Lenkwaffen anderer Flugzeuge geführt werden.

10514

GRUMMAN A-6A INTRUDER (1963)
Die A-6 der amerikanischen Marine hatte eine Spitzengeschwindigkeit von nur 1100 Stundenkilometern, war aber mit äußerst leistungsfähigen Radar-, Navigations- und Lenkwaffensystemen ausgerüstet und konnte bei jedem Wetter eingesetzt werden. Sie trug bis zu dreißig 230-Kilo-Bomben zur Punktzielbekämpfung – eine Einsatzart, bei der sich die zweisitzige Maschine besonders bewährte. Über den Stutzen auf der Rumpfnase konnte das Flugzeug in der Luft betankt werden.

NORTHROP F-5A (1964)
Die „Freedom Fighter" – Freiheitskämpfer – genannte F-5A wurde im Rahmen des Militärhilfeprogramms für proamerikanische Länder entwikkelt, die einen leicht zu fliegenden, wartungsfreundlichen und kostengünstigen Düsenjäger brauchten. Die zweistrahlige Maschine – hier mit dem Kennzeichen der südvietnamesischen Luftwaffe, die ihre ersten Lieferungen 1967 erhielt – hatte eine Spitzengeschwindigkeit von 1490 Stundenkilometern. Sie war mit zwei in der Rumpfspitze eingebauten 20-mm-Kanonen bewaffnet und trug unter jeder Fläche zwei 350-Kilo-Bomben.

harry
DANGER
EJECTION

4

Der Krieg der millionenfachen Einsätze

Rote Segeltuchstreifen flatterten wie Girlanden unter den Rümpfen der beiden Republic F-105 Thunderchief, die auf dem Luftstützpunkt Korat in Thailand an den Anfang der Startbahn rollten und dort mit laufenden Triebwerken stehenblieben. Unter die für Einsitzer ungewöhnlich großen, schweren Maschinen – die besten Jagdbomber, die die amerikanische Luftwaffe Mitte der sechziger Jahre besaß – krochen Waffenwarte, die die Bänder entfernten und zu den Piloten hochhielten. Am Ende eines jeden Stoffstreifens hing ein Bolzen, der bis zu diesem Moment die Bomben oder Raketen der Flugzeuge gesichert hatte. Nun waren sie gefechtsklar.

Die Piloten bestätigten das Zeichen der Waffenwarte, rollten auf die Startbahn, schoben die Triebwerkshebel nach vorn und hoben donnernd ab. Es war kurz nach zwölf Uhr am 3. April 1965. Wenige Minuten später stieß die übrige Staffel zu ihnen, und gemeinsam traten sie den zweistündigen Flug über die Berge von Laos – eine zerklüftete Region von bizarrer Schönheit, mit tief eingegrabenen Flüssen und dschungelüberwucherten Tälern – zu den weiten Küstendeltas von Nordvietnam an.

In der Führermaschine der ersten Formation saß Robinson Risner, derselbe Mann, der im Koreakrieg eine MiG zwischen Flugzeughallen eines kommunistischen Flugplatzes buchstäblich bis zum Aufschlag am Boden verfolgt und sich als Flieger-As einen Namen gemacht hatte. Inzwischen war er Oberstleutnant; jetzt führte er einen der größten Luftangriffe auf Nordvietnam seit Einleitung der Offensive im vergangenen Monat an.

Der Angriff war in allen Einzelheiten genau geplant. Risners Staffel sollte sich mit anderen Thunderchiefs vom thailändischen Luftstützpunkt Takhli vereinen, die die Gesamtzahl des Verbandes auf 46 F-105 erhöhten. Vier F-100 Super Sabre aus Südvietnam waren zur MiGCAP (MiG Combat Air Patrol – MiG-Abwehr) eingeteilt und sollten jede nordvietnamesische MiG, die sich blicken ließ, abschießen. Siebzehn weitere F-100 hatten den Auftrag erhalten, vorauszufliegen, um die Wetterverhältnisse zu erkunden und die Flugabwehrstellungen, die die Jagdbomber bedrohten, anzugreifen sowie eventuelle Rettungsaktionen für abgeschossene Piloten zu decken. Zehn KC-135-Tanker kreisten über Laos, um den anfliegenden Angriffsverband mit Treibstoff zu versorgen. Zwei RF-101 Voodoo sollten abschließend Luftaufnahmen von den Auswirkungen des Angriffs machen. Das Ziel der mächtigen Flotte von insgesamt 79 Flugzeugen war eine etwa 170 Meter lange Straßen- und Eisenbahnbrücke, die bei Thanh Hoa über den Song Ma führte – der sogenannte Drachenschlund.

Der Erfolg der Aktion hing von der genauen Einhaltung des Zeitplans ab. Die Thunderchief-Staffeln trafen sich wie vorgesehen mit den Tankern, bevor sie nach Osten über die nordvietnamesische Grenze abdrehten und einen Punkt anflogen, der etwa drei Flugminuten südlich der Brücke lag. Es war der sogenannte IP oder Initial Point (Ausgangspunkt), an dem die Bomber ihre Zielanflüge einleiteten. Schon vermischten sich Rauchschwa-

Im Cockpit seiner Phantom trifft Hauptmann Harry J. Eckes, F-4-Pilot des 390. Taktischen Jagdgeschwaders in Vietnam, an einen späten Nachmittag des Jahres 1966 in Danang letzte Startvorbereitungen zu seinem 115. Kampfeinsatz. In der Regel wurden die Piloten der amerikanischen Luftwaffe nach einem Jahr beziehungsweise 100 Einsatzflügen von der Front abgelöst.

den mit dem nachmittäglichen Dunst, Folge der F-100-Angriffe, die die vietnamesische Küste entlang nach Norden geflogen waren und die gegnerische Flugabwehr noch immer mit Raketen eindeckten.

Risner ging auf Nordkurs und steuerte auf den Rauch zu. Als er den Drachenschlund sah, verließ er seine Flughöhe von 5000 Metern, kippte seitlich ab und jagte auf die Brücke zu. Unter jeder Fläche führte er eine 115 Kilogramm schwere Luft-Boden-Rakete vom Typ Bullpup mit, die damalige Standard-Waffe der amerikanischen Luftstreitkräfte zur Bekämpfung von Punktzielen. Sie wurde vom angreifenden Flugzeug aus über Funk gelenkt, und zwar, wie sich erwiesen hatte, mit beträchtlicher Präzision.

Ein rundes Dutzend Flakstellungen hatte die Angriffe überstanden und schickte weiße Wattewölkchen in den Himmel. Risner ging im Sturzflug durch die detonierenden Geschosse und löste in 3600 Metern seine erste Bullpup aus. Dann flog er einen Vollkreis und feuerte die zweite Rakete ab.

Gerade als der Flugkörper sein Ziel erreichte, spürte Risner in seinem Flugzeug einen heftigen Ruck. Ein Splitter eines 37-mm-Geschosses hatte den Rumpf getroffen. Das Cockpit füllte sich mit Rauch. Risner hatte alle Hände voll zu tun, seine F-105 unter Kontrolle zu halten, und setzte sich in Richtung Süden aus dem Kampfgebiet ab. Allmählich verzog sich der Rauch aus dem Cockpit, und er ging mit seiner beschädigten Thunderchief auf dem riesigen Luftstützpunkt Danang in Südvietnam nieder.

In der Zwischenzeit brauste der übrige Verband über die Brücke hinweg. Die nächsten 15 Maschinen setzten Bullpup-Raketen ab. Die anderen 30 deckten den Drachenschlund mit konventionellen 340-Kilo-Bomben ein, bevor auch sie nach Thailand zurückflogen. Zwei waren nicht mehr dabei: eine F-100, die bei der Bekämpfung der Flugabwehr mitgewirkt hatte, und eine RF-101. Beide waren nach Volltreffern abgestürzt.

Die zweite RF-101 brachte Aufnahmen vom Kriegsschauplatz mit, die alles andere als ermutigend waren. Die Brücke, erst ein Jahr zuvor dem Verkehr übergeben, war so konstruiert, daß sie schweren Bombardements standhielt. Die 115-Kilo-Bullpups hatten nicht eine Kerbe hinterlassen. Die 340-Kilo-Bomben, die der größeren Treffsicherheit wegen aus nur 1500 Metern Höhe abgeworfen worden waren, hatten Trichter in die Fahrbahn gerissen und die Oberkonstruktion teilweise verformt. Aber die Brücke stand felsenfest, und die Schäden ließen sich leicht reparieren. Wieder und wieder sollten amerikanische Strahlflugzeuge Versuche zur Sprengung des Bauwerks unternehmen, die ähnlich ergebnislos verliefen, so daß der Drachenschlund schließlich wie eine Verkörperung all der Enttäuschungen eines Krieges erschien, der offenbar kein Ende nehmen wollte.

Unklar erschien auch der Punkt, an dem die Ereignisse, die zu dem Großangriff auf den Drachenschlund führten, ihren Anfang genommen hatten. Seit Beginn der fünfziger Jahre hatten die Vereinigten Staaten einen kleinen Stab von Militärberatern in Saigon unterhalten, die die im Aufbau befindlichen südvietnamesischen Streitkräfte ausbilden und ihnen im Kampf gegen die Banden kommunistisch unterstützter Vietcong helfen sollten, die in den ländlichen Gebieten operierten. Die Amerikaner trugen zwar Waffen, hatten aber Befehl, sie ausschließlich zur Selbstverteidigung einzusetzen. Doch die Grenzen zwischen Verteidigung und Angriff sind manchmal fließend. Mit Guerillakämpfern konfrontiert, die Konvois auflauerten und Militärposten überfielen, machten die Amerikaner immer häufiger von ihren Schußwaffen Gebrauch. Im Herbst 1961 suchten drei Hubschrauber-Kompanien des amerikanischen Heeres den Dschungel um Saigon nach Lagern der Vietcong ab. Eine geheime Kommandoeinheit der amerikanischen Luftwaffe flog mit bewaffneten T-28-Schulflugzeugen, die das Hoheitszeichen Südvietnams trugen, Angriffe auf Bodenziele. Die ganze Zeit über hatten die amerikanischen Berater ein wachsames Auge auf das kommunistische Nordvietnam jenseits des 17. Breitengrades, das die Guerillakämpfer mit Verpflegung und Munition versorgte.

Drei Jahre lang dauerte der heimliche Krieg, von der amerikanischen Öffentlichkeit so gut wie gar nicht zur Kenntnis genommen. Am 2. August 1964 fiel die Tarnung. Ein Zerstörer der amerikanischen Marine, die *Maddox*, operierte im Golf von Tongking mit dem zweifachen Auftrag, die nordvietnamesischen Radarabwehranlagen auszukundschaften und einen Angriff von südvietnamesischen Marine-Kommandos auf einige kleine nordvietnamesische Flottenstützpunkte zu beobachten. Plötzlich lösten sich vom Ufer drei PT-Schnellboote und feuerten Torpedos auf die *Maddox* ab. Die Torpedos verfehlten ihr Ziel, aber die *Maddox* erwiderte das Feuer und beschädigte eines der Schnellboote. Zwei Nächte später griff ein anderer kleiner Verband ohne Erfolg die *C. Turner Joy* an, die nach der ersten Attacke als Verstärkung zur *Maddox* entsandt worden war.

Es handelte sich nicht gerade um ein zweites Pearl Harbor. Aber Präsident Lyndon Johnson fürchtete, die Nordvietnamesen könnten es als ein Zeichen der Schwäche von seiten der Amerikaner auffassen, wenn er den Tongking-Zwischenfall, als der er später in die Geschichtsschreibung einging, unbeantwortet ließ. Innerhalb von zwölf Stunden beorderte er Marine-Strahlflugzeuge von den Trägern *Ticonderoga* und *Constellation* zu Vergeltungsangriffen auf die PT-Stützpunkte bei Vinh; getroffen wurde ein Öllager in der Nähe. Am 7. August verabschiedete der Kongreß eine

Auf dem Vorfeld des Luftwaffenstützpunktes Danang in Südvietnam stehen, durch Sandsackwälle vor Raketen- und Granatwerferangriffen geschützt, Jagdbomber des Typs F-105 Thunderchief. Danang hatte eine 3000 Meter lange Startbahn und war eine der Haupteinsatzbasen für Luftangriffe auf Ziele in Nordvietnam.

Resolution, die Präsident Johnson praktisch freie Hand gab, die Vereinigten Staaten in den Krieg zu führen. So kam es, daß noch vor Ablauf des Jahrzehnts mehr als eine halbe Million amerikanischer Soldaten in Südvietnam kämpften und daß von Stützpunkten in Vietnam, Thailand und Guam aus Strahlflugzeuge praktisch aller Typen, die die Vereinigten Staaten in ihrem militärischen Arsenal hatten, in den Kampf zogen. Sogar umgerüstete B-52-Bomber des SAC, die mehr als 100 Bomben mittleren und leichten Kalibers in ihren Schächten und unter den Tragflächen trugen, wurden eingesetzt. Alles in allem sollten amerikanische Strahlflugzeuge bis zum Ende des Krieges über eine Million Angriffseinsätze fliegen. Ein Teil der Flüge diente der Unterstützung der Erdkampftruppen im Süden. Andere führten in die westlichen Nachbarstaaten Vietnams, Laos und Kambodscha, wo der Versuch unternommen wurde, Nachschubwege der Kommunisten zu unterbrechen. Aber die gefährlichsten Angriffe, die aufreibendsten Einsätze richteten sich gegen Ziele in Nordvietnam.

Die Schläge gegen den Norden waren Teil einer Bombenoffensive, der Operation *Rolling Thunder,* die die Vernichtung von Eisenbahn- und Straßenverbindungen sowie militärischen Einrichtungen zum Ziel hatte. Der erste Angriff, der am 2. März 1965 erfolgt war, galt einem Munitionslager unmittelbar jenseits des 17. Breitengrads, der Trennungslinie zwischen Nord- und Südvietnam. Von dort führten die Angriffsflüge immer weiter nordwärts, bis sie im April den Drachenschlund erreichten.

Nach seiner Landung mit der angeschossenen F-105 in Danang hatte Oberst Risner noch am selben Nachmittag Gelegenheit, nach Korat zu seiner Staffel zurückzukehren. Am nächsten Morgen brachen er und seine Leute erneut zum Angriff auf die Brücke auf. Diesmal starteten in Thailand 48 Thunderchiefs, alle mit 350-Kilo-Bomben beladen. Wieder folgte der Verband einer Vorhut von F-100. Sie stießen auf heftigeres Flugabwehrfeuer als am Vortage; in der Nacht hatten die Nordvietnamesen zusätzliche Batterien herangeführt. Die erste F-105, die das Ziel bombardierte, wurde von einem 37-mm-Geschoß getroffen und explodierte in der Luft. Der Pilot, Hauptmann Carlyle Harris, stieg mit dem Fallschirm aus und landete in einem Reisfeld, wo er sofort gefangengenommen wurde.

Die letzte F-105-Kette kreiste noch über dem IP und wartete auf das Angriffssignal, als sich über ihr eine neue Gefahr zusammenbraute. Vier nordvietnamesische MiG-17 – verbesserte Nachfolgemuster der MiG-15 des Koreakrieges – tauchten aus dem Dunst auf. Von den zur MiG-Abwehr eingeteilten F-100-Piloten unbemerkt, stürzten sich die MiGs von hinten auf die bombenbeladenen Thunderchiefs. Es war der erste MiG-Angriff des Vietnamkrieges; er dauerte nur Sekunden. Die F-105 waren leichte Opfer. Zwei von ihnen wurden von Kanonengarben durchlöchert und stürzten ab. Der Krieg hatte eine furchtbare neue Dimension bekommen.

Mehr als 300 Bomben, drei Viertel der an diesem Tage insgesamt abgeworfenen Bombenlast, waren auf die Brücke niedergeprasselt und hatten kleinere Stützbalken und umfangreiche Stahlbetonteile herausgerissen. Aber der Drachenschlund wankte nicht. Einen Monat später konnte der Nachschub wieder über die Brücke nach Süden rollen. Ab Mitte Juni übernahm die Marine die Aufgabe, die Brücke zu beschießen, während die F-105 der Luftwaffe weiter nach Norden – und über Hanoi hinaus – vordrangen, um Bahnhöfe, Brücken und Kasernen in die Luft zu jagen.

Jeder neue Angriff stieß auf stärkere Abwehr des Gegners. Keine Woche verging ohne den Verlust von mindestens einem amerikanischen Flugzeug. Wenn ein Pilot unterhalb von 1500 Metern angriff, flog er direkt in den Feuerhagel, der ihm aus Maschinengewehren und leichten Kanonen vom Boden entgegenschlug. Wenn er Pech hatte, schlug ein Treffer in die

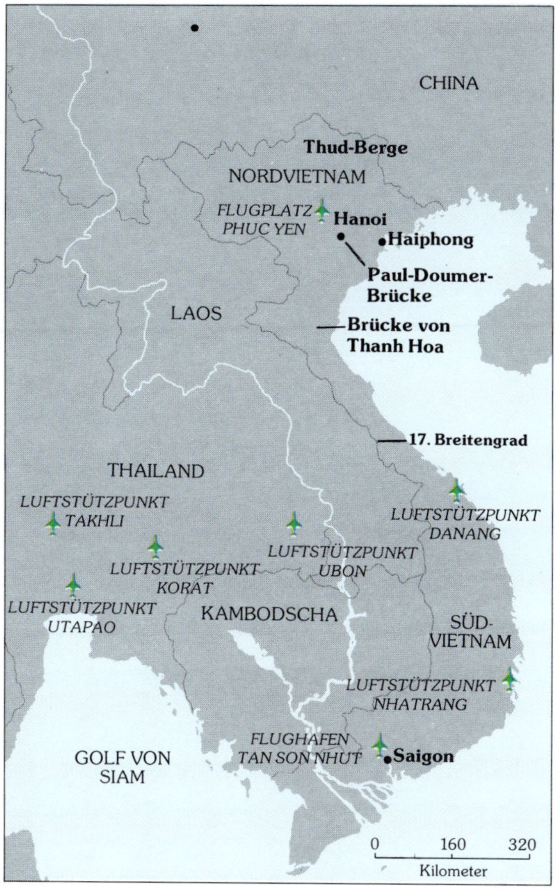

Auf der Südostasienkarte sind die wichtigsten amerikanischen Luftstützpunkte in Vietnam und Thailand sowie die Hauptangriffsziele in Nordvietnam verzeichnet. Von den hier eingetragenen Stützpunkten sowie von der Insel Guam und von Flugzeugträgern aus flogen amerikanische Piloten zwischen 1966 und 1973 mehr als 328 000 Einsätze gegen den kommunistischen Norden.

Stromkreise oder die Hydraulikleitungen ein und machte die Maschine manövrierunfähig. Zwischen 1500 und 7500 Meter bedrohte ihn vor allem großkalibriges Kanonenfeuer. Die Geschütze verschossen Explosivgeschosse von bis zu zehn Zentimetern Durchmesser, die, wenn sie in der Nähe explodierten, unter Umständen die gleichen fatalen Folgen hatten wie ein Volltreffer. Vielfach wurden Radar-Zielsuchverfahren verwendet, mit denen sich Geschwindigkeit, Höhe und Entfernung eines anfliegenden Gegners bestimmen ließen. Oberhalb von 7500 Metern – bis in eine Höhe von 18 000 Metern, die eine voll beladene Thunderchief nie erreichte – lauerte eine weitere Gefahr, die SAM-2-Lenkrakete, die wie ein fliegender Telegraphenmast aussah. Die SAM-2 wurde durch Radarsignale vom Boden gelenkt. Im Steigen raste sie mit zweifacher Schallgeschwindigkeit auf ihr Ziel zu. In fast jeder Höhe operierten MiGs – außer der MiG-17 auch die neue Generation der MiG-19- und MiG-21-Abfangjäger. Alle konnten von Radarleitstellen zu ihren Opfern geführt werden.

Ein F-105-Pilot, Oberst Jack Broughton vom 355. Taktischen Jagdgeschwader in Takhli, beschrieb das Dilemma so: „Wenn du deinen Verband in zu geringer Höhe heranführtest, erwischten dich die Bodentruppen. Wenn du ihn zu hoch heranführtest, kamst du in den Bereich, den die MiG bevorzugte, und sahst dich möglicherweise zum Bombennotabwurf gezwungen, damit du manövrierfähiger wurdest. Wenn du im Horizontalflug auf direktem Kurs anflogst, sei es in den Wolken oder am klaren Himmel, holte dich vielleicht die SAM herunter. Wenn du über den Wolken ankamst, konntest du den Start der SAM nicht sehen, und das bedeutete mit aller Wahrscheinlichkeit dein Ende."

In dieses Wespennest stießen amerikanische Piloten mit Düsenflugzeugen, die zu den modernsten der Welt gehörten. Seit dem Koreakrieg hatte die Entwicklung der militärischen Strahlflugzeuge gewaltige Fortschritte gemacht: Sie waren größer, schneller und komplizierter geworden. Die North American F-100 war das erste Flugzeug einer von der amerikanischen Luftwaffe in Auftrag gegebenen, sogenannten „Hunderter-Serie". Dabei handelte es sich ausschließlich um Überschallkampfflugzeuge, eins moderner als das andere und jedes ein technologischer Durchbruch.

Den Erfolgsreigen eröffnete die F-100, die als erste im Horizontalflug Überschallgeschwindigkeit erreichte. Ihr folgte die McDonnell F-101, die 1957 mit 1965 Stundenkilometern einen neuen Geschwindigkeitsrekord aufstellte und ohne aufzutanken über 3000 Kilometer flog. Die von Convair entwickelte F-102 Delta Dagger, ein Höhen-Abfangjäger, war ein reines aerodynamisches Wunder: Ihr in der Mitte taillenartig verjüngter „Coca-Cola-Flaschen"-Rumpf bot geringeren Widerstand, während die Deltaflügel ihr hervorragende Auftriebswerte und eine besondere Wendigkeit verliehen. Die Delta Dagger war ausschließlich mit Raketen bewaffnet, die von computergestützten Feuerleitsystemen an Bord des Flugzeugs gelenkt wurden. Einen weiteren Fortschritt stellte Lockheeds F-104 Starfighter dar, das erste Kampfflugzeug der Welt, das eine Geschwindigkeit von Mach 2 erreichte. Als Abfangjäger konzipiert, hatte sie Stummelflügel mit flachem Profil an einem extrem zugespitzten Rumpf. Die F-104 sah nicht nur aus wie eine Rakete, sondern sie verhielt sich auch so: Ihre Spitzengeschwindigkeit betrug 2374 Stundenkilometer oder Mach 2,2, ihre Steiggeschwindigkeit rund 12 000 Meter in der Minute. Dann kamen die F-105 Thunderchief und sogar eine F-106 Delta Dart, eine leistungsfähigere Weiterentwicklung der Convair F-102.

Von den Flugzeugen, die in Vietnam eingesetzt wurden, fiel weder der F-100 noch der F-102 oder der F-104 in den Kämpfen jenseits des 17. Breitengrads eine so wichtige Rolle zu wie der F-105 Thunderchief, die von

Der Pilot eines TF-102-Abfangjägers, vor dem Hintergrund der vietnamesischen Landschaft zu erkennen, kurvt im Formationsflug mit zwei F-100-Jagdbombern ein.

ihren Piloten anerkennend Thud – Bumm – genannt wurde. Die F-105 war der schnellste Tiefflug-Jagdbomber in Vietnam – sie erreichte in Bodennähe mehr als Mach 1 – und flog 75 Prozent aller Luftangriffe gegen den Norden. Sie war 19,61 Meter lang und hatte eine Spannweite von 10,64 Metern. Das Pratt & Whitney J-75-Triebwerk leistete 12 030 Kilopond Schub. Die Thunderchief, die ihr Ziel im Tiefflug anfliegen, kurz vorher hochziehen und bombardieren sollte, war als Atomwaffenträger gebaut, wurde in Vietnam aber ausschließlich mit konventionellen Bomben bestückt. Insgesamt konnte sie 6350 Kilogramm an Bomben mitführen.

Die Thunderchief erwies sich als außerordentlich robust. Eine F-105, die von einer Rakete mit Infrarot-Zielsuchkopf am Triebwerksauslaß getroffen worden war, kehrte mit Beschädigungen zurück, die jedes weniger stabil gebaute Flugzeug zum Absturz gebracht hätten. Schon nach wenigen Einsatzflügen lernten viele Piloten das Flugzeug sehr zu schätzen. „Überraschenderweise zeigte sich", berichtete Oberst Broughton, „daß die Thud sich in Nordvietnam bewährte wie keine andere. Niemand konnte mit der Thud mithalten, wenn sie mit hoher Geschwindigkeit in Bodennähe, in Baumwipfelhöhe anflog. Keine andere Maschine konnte so viel tragen und die Abwehrriegel durchbrechen wie die Thud. Es war die alte Thud, die tagtäglich in den Schlamassel vorstieß und die Bomben ins Ziel brachte."

Die amerikanische Marine hatte ihre eigenen Favoriten. Zu ihnen zählte die einsitzige A-4 Skyhawk der Douglas Aircraft Company, ein bekannt leichter, sparsamer und wartungsfreundlicher Jagdbomber. Als das eigentliche Arbeitspferd der Marine flog die Skyhawk den größten Teil der trägergestützten Tagangriffe auf Ziele entlang der nordvietnamesischen Küsten – unter anderem auch 208 Einsätze auf den Drachenschlund.

Eine Welt der Computertechnik lag zwischen der Skyhawk und dem zweisitzigen Allwetter-Kampfflugzeug der Marine, der Grumman A-6 Intruder. Die A-6 war mit Elektronik nur so vollgepackt, eine Tatsache, die das Flugzeug nicht nur äußerst kostspielig machte, sondern auch die Wartung erschwerte. Andererseits war die Intruder lange Zeit das einzige Flugzeug des Vietnamkriegs, das ein Punktziel während der Regenzeit und bei Dunkelheit präzise traf. Bei einem Nachteinsatz griffen zwei Intruder ein Elektrizitätswerk bei Haiphong mit nur je 13 Bomben an. Alle schlugen innerhalb des Werkgeländes ein und machten die Anlage buchstäblich dem Erdboden gleich. Ein früherer Tagangriff von 100 nicht so spezialisierten Flugzeugen dagegen hatte nur leichte Schäden verursacht.

Die amerikanische Marine hatte außerdem einen neuen Jäger in Dienst gestellt, das Allwetter-Jagdflugzeug F-4 Phantom. Von McDonnell als Abfangjäger zum Schutz amerikanischer Träger vor Luftangriffen entwikkelt, konnte die Phantom mit vier radargelenkten Sparrow-Flugkörpern und ebenso vielen Sidewinder-Luft-Luft-Raketen mit Infrarot-Zielsuchkopf bewaffnet werden. Die ersten Bauserien hatten noch keine herkömmlichen Bordwaffen. Die Phantom konnte aber auch mit Bomben von über 7000 Kilogramm Gewicht beladen werden. Die computergestützten Radarfolge- und Feuerleitsysteme wurden von einem Kampfbeobachter im Sitz hinter dem Piloten bedient, der als GIB (Guy in Back – Hintermann) bekannt war. Die amerikanische Luftwaffe, der die Vorzüge der Phantom als Kampfflugzeug nicht verborgen blieben, entschloß sich ebenfalls zum Kauf. Die ersten F-4 der Luftwaffe kamen genau in dem Moment an die Front, als die Operation *Rolling Thunder* anlief.

Zu jener Zeit waren Hunderte von strahlgetriebenen Kampfflugzeugen in Einsatzreichweite auf Nordvietnam in Stellung gebracht worden. Aber sie hatten wenig zu bombardieren. Jahre bevor die F-105 und F-100 Einsätze

Auf dem Rückflug von einem Bombenangriff nordöstlich von Hanoi stieß der Pilot einer F-105 Thunderchief 1967 auf eine MiG-17. Die Zielkamera hielt fest, wie er mit seiner 20-mm-Kanone einen tödlichen Treffer in einer der Tragflächen anbrachte und die MiG Feuer fing. Der Vorhaltewinkel in die Flugrichtung der MiG, die eine Rechtskurve eingeleitet hatte, ist gut zu erkennen.

jenseits des 17. Breitengrads flogen, hatte die Luftwaffenführung in Washington versucht, einen Katalog von Zielen in Vietnam, Laos und Kambodscha zusammenzustellen. Ihre Bemühungen blieben erfolglos. „In Indochina", so erklärten die Vereinigten Stabschefs in einem Bericht von 1954, „gibt es keine entscheidenden militärischen Ziele." Einige Monate vor dem Tongking-Zwischenfall von 1964 erschien ein überarbeiteter Bericht, in dem die Stabschefs 94 strategische Ziele in Nordvietnam zusammengestellt hatten – vor allem Straßen, Brücken, Bahnhöfe, Vorratslager und dergleichen. Überzeugt, daß ein rascher Präventivschlag gegen alle 94 möglichen Ziele die Kommunisten zum sofortigen Friedensschluß veranlassen würde, drängten die amerikanischen Oberbefehlshaber Präsident Johnson, diesen Weg einzuschlagen. Doch Johnson wollte unter keinen Umständen das Risiko eingehen, die Chinesen oder Sowjets zu provozieren, und entschloß sich zu äußerster Zurückhaltung.

Die Luftangriffe durften einen bestimmten Umfang nicht überschreiten und wurden Einsatz für Einsatz von Washington angeordnet. Die Bombardements hatten 40 Kilometer vor der chinesischen Grenze, 16 Kilometer vor Hanoi und sieben Kilometer vor Haiphong halt zu machen. Die Nordvietnamesen brauchten nicht lange, um die Beschränkungen zu erkennen, die den amerikanischen Piloten auferlegt waren. Sie wußten zum Beispiel, daß eine Flakstellung auf einem Flußdamm unbehelligt blieb, weil die Amerikaner mit einem Bombenangriff die Sprengung des Damms und damit die Überflutung von Ortschaften und Feldern riskiert hätten. Die Vietnamesen wußten auch, daß sie keine Angriffe auf MiG-Flugplätze, auf denen die Amerikaner sowjetische Techniker vermuteten, zu befürchten hatten. In den ersten Monaten der Operation *Rolling Thunder* durften die Amerikaner keine SAM-Stellungen angreifen, es sei denn, daß sie von dort mit Raketen beschossen wurden.

Und wehe dem, der sich nicht an diese Beschränkungen hielt. Oberst Broughton berichtet von einem F-105-Piloten, der auf dem Rückflug von einem Einsatz im Norden eine noch unfertige SAM-Stellung sah. Sein Befehl ließ ihm keine andere Handlungsfreiheit, als die Stellung zu melden. Einige Flakgeschütze waren jedoch schon feuerbereit, und aus ihnen prasselten ihm beim Überfliegen Geschosse entgegen. Er zog herum, flog zurück und deckte die Geschütze mit Feuerstößen aus seiner 20-mm-Kanone ein. „Er löste einen Sturm aus", erzählte Broughton. „Er schoß Baugerät in die Luft, das Feuer fing. Er durchlöcherte Teile der SAM-Feuerleitsysteme." Und er zündete einige der Raketen, die „umherzischten wie wild gewordene Schlangen und ihre eigenen Herren angriffen". Am nächsten Tag jagte ein Telephongespräch das andere, quer durch die ganze Befehlshierarchie. Der Pilot sollte Flugverbot erhalten und vor das Kriegsgericht gestellt werden. Aber er war bereits zu seinem nächsten Einsatz aufgebrochen, von dem er nicht mehr zurückkehrte.

Nach diesem Zwischenfall dauerte es nicht mehr lange, bis die amerikanischen Flugzeuge regelmäßig von SAM-Lenkraketen verfolgt wurden. Das Bekämpfungsverbot wurde aufgehoben. Dennoch blieben die Flugkörper eine Gefahr, auch noch, als alle amerikanischen Strahlflugzeuge mit elektronischen Sensoren ausgerüstet worden waren, die die Signale des nach Angreifern suchenden Feindradars auffingen. Wenn das Radar eine F-4 oder F-105 erfaßt hatte und ihr zu folgen begann, ging im Cockpit eine Warnleuchte an, und es ertönte ein kurzes, lautes Rattern. So vorgewarnt, konnte der Pilot wählen, ob er dem unausbleiblichen Flak- und Maschinengewehrfeuer trotzen und sich in Bodennähe zu retten versuchen oder warten sollte, bis die SAM gestartet war, um die anfliegende Rakete nach Möglichkeit auszumanövrieren.

Letzteres verlangte stählerne Nerven und großes Können. „Das Entscheidende ist", sagte Oberst Robin Olds, Kommodore des 8. Taktischen Jagdgeschwaders auf dem Luftstützpunkt Ubon in Thailand, „daß man den Start mitbekommen muß. Man kann ihn am Rauch erkennen. Die SAM steigt schnell auf, neigt sich etwas, und dann löst sich die Startstufe." Alles hing davon ab, zur richtigen Zeit das Richtige zu tun. „Wenn man zu früh ausweicht", fuhr Olds fort, „dreht sie um und kriegt einen. Wenn man zu lange wartet, explodiert sie nahe genug, um einen ebenfalls zu erwischen. Es kommt darauf an, im richtigen Moment mit voller Leistung zu stürzen und, wenn sie hinter einem hängt, so hart wie möglich hochzuziehen. Da kann sie nicht mithalten und jagt in den Boden."

Schutz einer anderen Art boten speziell ausgerüstete Flugzeuge. Die SAM-Radarleitsysteme konnten durch starke Sender gestört werden, die von Thunderchiefs und Phantoms in Behältern unter den Flächen mitgeführt oder tonnenweise an Bord größerer Flugzeuge wie der zweistrahligen Douglas EB-66-Bomber verladen wurden. Letztere kreisten in sicherer Entfernung und überstrahlten den ganzen Gefechtsraum mit Signalen, die große Abschnitte der gegnerischen Radarschirme überdeckten.

Das beste Störverfahren aber bestand darin, das Feindradar zu vernichten. Diese gefährliche Aufgabe wurde den sogenannten Wild Weasels – Wilden Wieseln – übertragen. Dabei handelte es sich zunächst um Super Sabres, dann Thunderchiefs und zum Schluß Phantoms, die mit einem umfangreichen Waffenarsenal ausgerüstet wurden. Unter anderem trugen sie Shrike-Flugkörper, die sich auf den gegnerischen Radarstrahl aufschalteten. Die Wild Weasels flogen dem Hauptangriffsverband voraus, um die SAM-Batterien zu provozieren. Wenn das gefürchtete Rattern die Erfassung durch das Feindradar anzeigte, löste der Pilot einen Shrike-Flugkörper aus, der dem Radarstrahl zu seiner Quelle folgte und sie in die Luft jagte. Der Gegner lernte bald, sein Radar nur kurzfristig zu betreiben – gerade lange genug, um ein amerikanisches Flugzeug zu orten und in einen Zweikampf zu verwickeln, den das Wiesel manchmal verlor.

Massive SAM-Angriffe waren es jedoch nicht allein, die die Piloten bedrohten. Die Thunderchiefs und Phantoms wurden in ihren Zielgebieten nicht selten von ganzen Schwärmen gegnerischer Jäger erwartet. Veraltete MiG-17, die zwar langsam, aber in niedrigeren Flughöhen außerordentlich wendig waren, brachten die modernsten amerikanischen Strahlkampfflugzeuge unterhalb von 6000 Metern oft in Schwierigkeiten. Ein weiterer gefährlicher Gegner war die MiG-19, ein mit Zielradar ausgerüsteter Überschall-Abfangjäger mit einer Höchstgeschwindigkeit von 1385 Stundenkilometern und ein bis zwei 37-mm-Kanonen sowie zwei 23-mm-Kanonen. Und vor dem kompakten Deltaflügler MiG-21, der sich seinem Opfer mit Mach 2 näherte, gab es zumindest für bombenbeladene Phantoms und Thunderchiefs der ersten Baureihen kein Entkommen. Auch im Kurvenkampf konnte die MiG-21 beide ausmanövrieren; nur an Steigleistung war ihr die Phantom überlegen. In der Regel lauerten die MiGs in Schwärmen in niedriger Höhe, wo sie für die amerikanischen MiG-Abwehr-Piloten nur schwer auszumachen waren. Wenn die amerikanische Angriffsformation auf ihr Ziel zuflog, stiegen sie hinter ihr auf und griffen die letzten zwei oder drei Flugzeuge mit Kanonen oder infrarotgelenkten Atoll-Flugkörpern, Kopien der amerikanischen Sidewinder, an.

Ende 1966 hatte die Gefährdung durch die MiGs ein solches Ausmaß angenommen – immer wieder erreichten sie, daß sich die Amerikaner ihrer Bomben im Notabwurf entledigen mußten –, daß etwas geschehen mußte. Die Gegenmaßnahme erfolgte in Form des klassischen Masseneinsatzes von Jagdflugzeugen. Am 2. Januar 1967 flog ein von Oberst Olds

Nach einem der größten Luftkämpfe des Vietnamkrieges läßt sich Verbandsführer Oberst Robin Olds (links) mit einem anderen Piloten, Hauptmann John Stone, photographieren. Sieben MiGs wurden bei diesem Einsatz abgeschossen, ein Erfolg, der den gerade auf Vietnam-Tournee befindlichen Komiker Bob Hope zu der Bemerkung veranlaßte, die Piloten hätten „der Welt größten Vertrieb von MiG-Teilen" aufgezogen.

geführter Verband von 56 Phantoms nach Norden in Richtung Hanoi. Olds ließ seine Maschinen in typischer Angriffsformation anfliegen, um den Gegner glauben zu machen, es handele sich um die übliche Flotte aus Kampfflugzeugen, Wild Weasels, Radarstörmaschinen und Aufklärern.

Aus Laos kommend, drehten die F-4 über den Thud-Bergen, einer Kette, die so zerklüftet war, daß der Gegner dort nur eine Handvoll Flakgeschütze in Stellung bringen konnte, nach Süden auf den Flugplatz Phuc Yen ein, auf dem die meisten nordvietnamesischen MiG-21 stationiert waren. Über dem Platz, der unter einer 2000 Meter hohen Wolkendecke verborgen lag, begann Olds in der Hoffnung, die MiGs hervorzulokken, hin und her zu fliegen.

Es dauerte nicht lange, bis sie durch die Wolken stießen. Eine MiG heftete sich an Olds und seinen Rottenflieger, der ausscherte, um sie in einen Zweikampf zu verwickeln. Etwa zwei Kilometer voraus entdeckte Olds eine zweite MiG. Er wies seinen Kampfbeobachter, Oberleutnant Charles Clifton, an, das Radar der Phantom auf den Gegner aufzuschalten. Sekunden später löste Olds in kurzer Folge zwei Sparrow-Flugkörper aus. Aber er hatte sich seinem Ziel bereits so genähert, daß es vom Radar nicht mehr verfolgt werden konnte; beide Raketen gingen ins Leere.

Schnell schaltete Olds auf seine Sidewinders um, die mit ihren Infrarot-Zielsuchköpfen auf kürzere Entfernungen sicherer ins Ziel trafen als die Sparrows. Wenn die Sidewinder eine Wärmequelle geortet hat, der sie folgen kann, zeigt sie dies dem Piloten durch ein summendes Geräusch im Kopfhörer an. „Ich nahm die MiG, die gerade in den Wolken verschwand, ins Visier", erinnerte sich Olds, „hörte von dem Flugkörper ein undeutliches Summen und feuerte." Ins Leere.

Direkt vor ihm flog eine andere MiG. „Ich zog scharf nach links", berichtete Olds, „leitete eine Faßrolle nach rechts ein und blieb über und hinter der MiG." Als er in Schußweite kam, vollendete er die „Rolle und brachte mich etwas versetzt nach unten in 7-Uhr-Position hinter sie".

Die MiG versuchte im Steigflug zu entkommen, aber vergebens. „Ich nahm ihren Triebwerksauslaß ins Visier", sagte Olds, „empfing einen optimalen Summton und drückte erst einmal, dann noch einmal auf den Auslöseknopf." Die erste Rakete erfüllte ihren Zweck. Sie „sank leicht, um dann in weitem Bogen zu steigen. Auf einmal explodierte die MiG. Sie sank taumelnd, torkelnd und trudelnd langsam auf die Wolkendecke zu."

Olds hatte seine erste MiG abgeschossen, ein Verdienst, für das Oberleutnant Clifton in gleicher Weise gewürdigt wurde. In Anbetracht der entscheidenden Rolle, die dem Kampfbeobachter im Luftkampf zukam, galt die Anerkennung der Luftwaffe ihm genauso wie dem Piloten. Andere Besatzungen schossen am gleichen Tag sechs weitere MiGs ab.

Nach diesem Luftangriff, dem bis dahin schwersten in Vietnam, ließen die MiGs größere Vorsicht walten. Im Mai wurden Flugplätze vorübergehend von der Liste der verbotenen Ziele gestrichen, und die Phantom-Piloten vernichteten 26 MiGs am Boden. Im August griffen Thunderchiefs mit 1400 Kilogramm Bomben die Paul-Doumer-Brücke bei Hanoi an. Die wichtige Straßen- und Bahnverbindung, die zuvor wegen ihrer Nähe zu China und Haiphong tabu gewesen war, wurde schwer beschädigt. Zwei Monate lang mußten die Nordvietnamesen auf die nahezu 6000 Tonnen Nachschub, die sonst täglich über die Brücke rollten, verzichten.

Mit den Bombenangriffen auf Nordvietnam sollte nichts anderes bezweckt werden als die Unterbrechung der Truppen- und Materialtransporte, die nach Südvietnam rollten. Aber wieviel Tausende von Tonnen Sprengstoff jenseits des 17. Breitengrades auch niedergingen, sie schienen keine länger anhaltende Wirkung zu erzielen. Das lag zum einen am Zögern Washingtons. Die amerikanische Führung wollte den Luftkrieg nicht eskalieren lassen und bot damit den Nordvietnamesen Gelegenheit, die Beeinträchtigung ihres Versorgungswesens immer wieder auszugleichen. Es lag zum anderen aber auch an der Entschlossenheit der Kommunisten, in Südvietnam festen Fuß zu fassen, und an dem höchst brauchbaren Netz der Nachschubwege, das sie errichteten. Der Ho-Tschi-Minh-Pfad, der parallel zu Südvietnam durch Laos und Kambodscha führte, war in Wirklichkeit ein System von mehreren Dschungelstraßen und -pfaden. Wurde ein Abschnitt bombardiert, wichen die Transporte auf einen anderen aus.

Im Spätherbst 1967 änderte sich der Charakter des Krieges in Südvietnam. In den Kämpfen traten statt der Vietcong-Einheiten, die zum größten Teil aus südvietnamesischen Aufständischen bestanden, verstärkt Angehörige der regulären nordvietnamesischen Armee auf, die in Divisionsstärke über die Grenze gekommen waren. Monatelang hielten die Kommunisten ihre Truppen zurück. Dann, am 31. Januar 1968, zu Beginn der Feierlichkeiten anläßlich des buddhistischen Neujahrstages Tet, stießen nordviet-

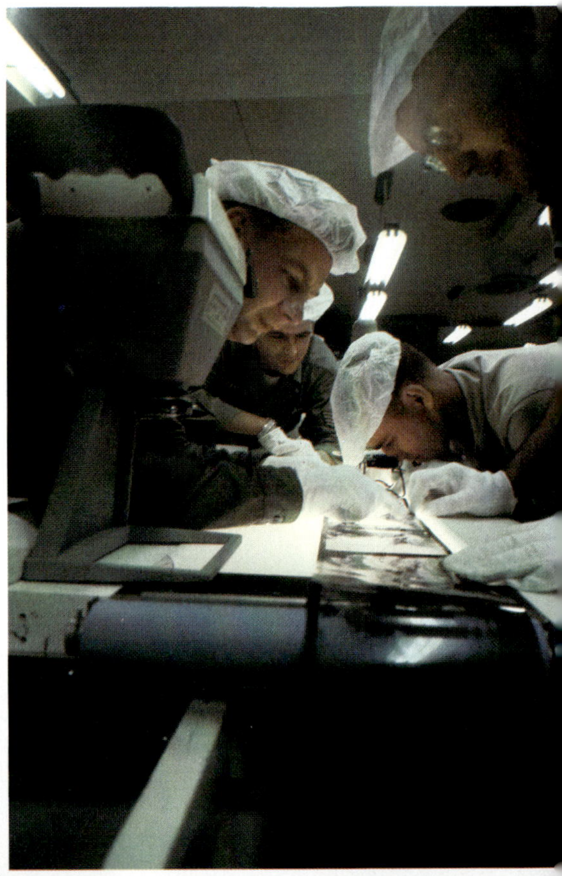

Auf dem Saigoner Flughafen Tan Son Nhut werten Spezialisten der amerikanischen Luftwaffe Luftaufnahmen aus. Um die Filme nicht durch Schuppen oder Fingerabdrücke zu verunreinigen, tragen sie Schutzhauben und Handschuhe. Die Auswerter entwickelten und prüften monatlich mehr als drei Millionen Photos, um wichtige Ziele für die amerikanischen Kampfflugzeuge zu identifizieren, darunter (von links nach rechts) einen Schutzring aus 57-mm-Flakanonen um eine Brükkenzufahrt im Norden, eine SAM-Raketenstellung und zwei MiG-17 hinter Schutzwällen auf einem Feldflugplatz vor den Toren Hanois.

namesische Kräfte nach koreanischem Vorbild massiert über den 17. Breitengrad vor. In ganz Südvietnam gingen die Vietcong gemeinsam mit ihren nördlichen Verbündeten zu Großangriffen auf Hauptstädte von Provinzen und Distrikten über.

Zeitpunkt und Wucht der Offensive überraschten die amerikanischen und südvietnamesischen Streitkräfte. Die ersten Gefechtsberichte waren alarmierend. Doch der Feind hatte die schützende Deckung verlassen und stand der ganzen Feuerkraft gegenüber, die die Amerikaner in Südostasien versammelt hatten. Düsenjägerpiloten in Südvietnam bekamen den Feind kaum je zu Gesicht. Ihre Bomben zielten sie in der Regel auf die Rauchwolke einer Phosphorrakete, die von einem Forward Air Controller (FAC) genannten Feuerleitoffizier als Markierung abgefeuert worden war. Der Feuerleitoffizier flog dem Verband in einem kleinen, propellergetriebenen Aufklärungsflugzeug voraus und hatte die Aufgabe, dafür zu sorgen, daß die Bomben auf Stellungen des Vietcong fielen und nicht in der Gegend verstreut niedergingen. Bei den Zielen handelte es sich zumeist um nichts Handfesteres als ein paar Strohhütten oder einige an einem Flußufer

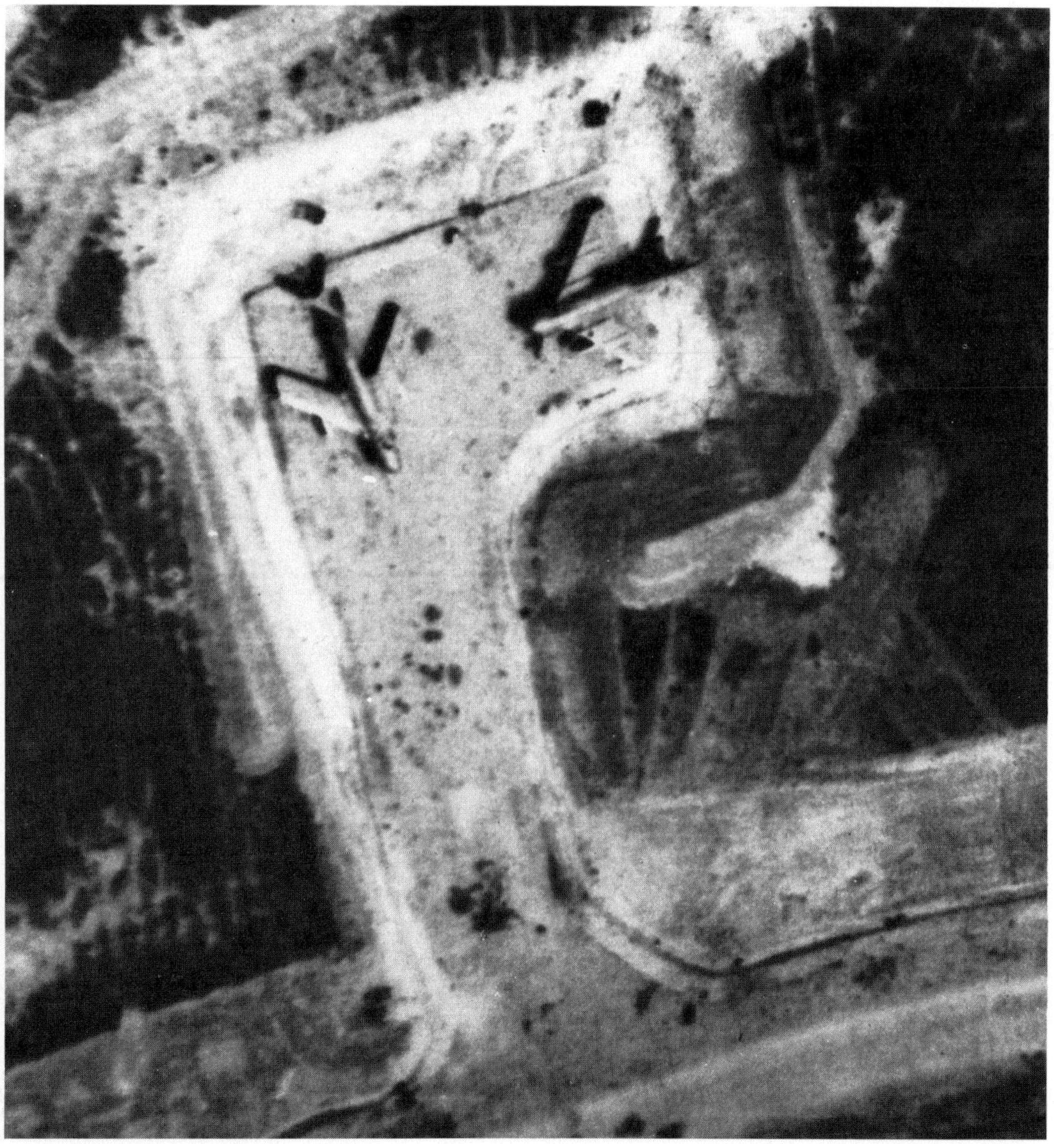

verankerte Hausboote. Die eingesetzten Waffen standen in keinerlei Verhältnis zu den Ergebnissen. Für das Geld, das ein einziger F-100-Einsatzflug kostete, hätte man Dutzende von Hausbooten kaufen können. Folgeexplosionen, Beweis dafür, daß eine Bombe ein verstecktes Munitionslager des Feindes getroffen hatte, blieben relativ selten.

Während der Tet-Offensive herrschte an Bombenzielen jedoch kein Mangel. Und das wiederum galt für kein Gebiet mehr als das um Khe Sanh, einen entlegenen Außenposten im äußersten Nordwestzipfel Südvietnams, in dem amerikanische Marineinfanteristen zur Überwachung des einige Kilometer weiter westlich verlaufenden Ho-Tschi-Minh-Pfades stationiert waren. Der Posten spielte anscheinend keine besonders wichtige Rolle. Trotzdem hatten sich Ende 1967 rund 20 000 nordvietnamesische Soldaten – zwei vollständige Divisionen – in Stellungen rund um Khe Sanh eingegraben. Berichte von Spähtrupps und Aussagen einiger weniger Überläufer ließen darauf schließen, daß mindestens 70 schwere Geschütze, rund 200 Granatwerfer und eine umfangreiche Zahl Raketenabschußrampen herangeführt worden waren. Die Vereinigten Staaten beschlossen, den Außenposten unter allen Umständen zu halten.

Der kommunistische Angriff begann mit einem Hagel von 75- und 122-mm-Geschossen. Eine Salve schlug in das Hauptmunitionslager von Khe Sanh ein und brachte es zur Explosion. Anschließend stürmten die Nordvietnamesen in Wellen und unter lautem Geschrei gegen den Verteidigungsring an. Die Marineinfanteristen schlugen sie zurück, und der Feind

Techniker arbeiten an einer in der Sowjetunion gebauten SAM-2-Boden-Luft-Rakete auf einer Stellung in Nordvietnam. 300 solcher Stellungen waren 1972 im Lande verteilt. Der 10,60 Meter lange, zweistufige Lenkflugkörper trug einen 130 Kilogramm schweren Sprengkopf und konnte eine Höhe von über 18 300 Metern erreichen.

richtete sich auf eine lange Belagerung ein. Tag für Tag prasselten von morgens bis abends Geschosse nieder. In der Dunkelheit hörte man nordvietnamesische Spähtrupps die Drahtsperren entlangschleichen.

Verstärkungen und Nachschub konnten den Posten nur auf dem Luftweg erreichen; Transportflugzeuge des Typs C-130 und C-123 wurden zur Lebensader von Khe Sanh. Doch daß der Posten nicht fiel, war letztlich massiven Luftangriffen auf die gegnerischen Stellungen zu verdanken. Tagtäglich flogen Kampfflugzeuge verschiedener Typen – die F-4, die A-4 und ein Propellerflugzeug aus den Zeiten des Zweiten Weltkriegs, die A-1 Skyraider – ununterbrochen Einsätze auf Ziele, die von einem oder mehreren Feuerleitoffizieren markiert worden waren. Nicht selten waren die Maschinen in Warteschleifen bis in eine Höhe von über 10 000 Metern gestaffelt und warteten auf den Funkspruch eines FAC, der sie zum Bomben- oder Bordwaffenangriff auf eine bestimmte Geschützstellung oder zur Unterbindung eines beabsichtigten Bodenangriffs abrief.

Die schwersten, vernichtendsten Angriffe aber wurden von einem ununterbrochenen Strom von B-52-Bombern des SAC geflogen, die sechseinhalb Flugstunden entfernt auf Guam stationiert waren. Durchschnittlich alle 90 Minuten flog eine „Kette“ von drei Bombern an und belegte ein etwa 2000 Meter langes und 1000 Meter breites Dschungelareal mit einem Teppich von mehr als 300 Bomben. Wegen des bedeckten Monsunhimmels wurde mehr als die Hälfte der Angriffsformationen mit Radar herangeführt – und mit erstaunlicher Präzision. Aus einer Höhe von 7500 Metern gelang es den B-52, ihre Bomben bis zu 900 Meter, wenn erforderlich sogar nur 300 Meter vom Verteidigungsring entfernt zu plazieren. Die Angegriffenen sahen oder hörten die Maschinen nur selten: Der Einsatz kündigte sich durch die Detonation der ersten Bombe an. Nach 15 schrecklichen Sekunden war alles vorbei. Derartige Angriffe waren seit zwei Jahren auf Feindstellungen in Südvietnam geflogen worden, doch nie mit so durchschlagender Wirkung. Eine Formation, die ihre Bomben etwa eineinhalb Kilometer von Khe Sanh entfernt ins Ziel brachte, löste eine Kette von Folgeexplosionen aus, die zwei Stunden dauerte.

Nach zwei Monaten hatte sich der Dschungel um Khe Sanh in eine unheimliche Mondlandschaft voll sich überlappender Krater verwandelt. Dem Bombenhagel konnten die zwei nordvietnamesischen Divisionen nicht standhalten. Sie verloren schätzungsweise 10 000 Mann und lösten sich auf. Am 6. April marschierten Entsatzverbände an, um die Versprengten aufzureiben. Der Belagerungsring um Khe Sanh war gesprengt.

Inzwischen war es amerikanischen und südvietnamesischen Bodentruppen mit Hilfe der furchtbaren Feuerkraft der amerikanischen Kampfflugzeuge längst gelungen, die Tet-Offensive zum Scheitern zu bringen. Der Feldzug hatte das nordvietnamesische Heer 45 000 Mann gekostet. Weitere 7000 wurden gefangengenommen. Die Verluste der Amerikaner und Südvietnamesen beliefen sich auf ein knappes Zehntel dieser Gesamtzahl. Zahlenmäßig hatten die Kommunisten eine schwere Niederlage erlitten. Sie konnten sich eine derartige Auszehrung kaum ein zweites Mal leisten – doch das sollte auch gar nicht nötig werden. In den Vereinigten Staaten, wo der Vietnamkrieg bestenfalls auf halbherzige Unterstützung in der Öffentlichkeit gestoßen war, sah man in der Tet-Offensive entgegen der Behauptung der Regierung, daß der Sieg kurz bevorstand, den Beweis dafür, daß die Kommunisten stärker denn je waren.

Unter dem Eindruck dieser Entwicklungen erklärte Präsident Johnson am 31. März 1968 seinen Verzicht auf eine Wiederwahl. In der Hoffnung, Nordvietnamesen und Vietcong an den Verhandlungstisch zu bringen, begann er, die Luftangriffe auf den Norden zu beschränken, und zwar zunächst auf einen Bereich unterhalb des 20. Breitengrades. Ende Oktober befahl er, die Bombardierung Nordvietnams gänzlich einzustellen.

Richard Nixon, Johnsons Nachfolger im Präsidentenamt, leitete einen stufenweisen Abzug der 500 000 amerikanischen Soldaten aus Südvietnam und die Vietnamisierung, die Übertragung des Krieges auf die Vietnamesen, ein. Zur Unterstützung der südvietnamesischen Armee blieben allerdings eine Reihe von Düsenjäger-Einheiten zurück, die weiter heimliche Angriffe auf den Ho-Tschi-Minh-Pfad in Laos und Kambodscha flogen. Doch auch diese Hilfe sollte eingestellt werden, sobald die südvietnamesische Luftwaffe in der Lage war, dies selbst zu übernehmen.

So begann eine Phase der trügerischen Hoffnung auf eine Lösung des Konflikts. Denn während sich die Amerikaner systematisch zurückzogen, sickerten nordvietnamesische Soldaten weiter über den Ho-Tschi-Minh-Pfad ein. Ende 1971 hatten sie die während der Tet-Offensive erlittenen Verluste ausgeglichen und gingen erneut zum Angriff auf Militärposten und Flugplätze in Südvietnam über. Gespräche über einen Waffenstillstand, die im Januar 1969 begonnen hatten, waren über die Klärung der Sitzordnung am Verhandlungstisch nicht hinausgekommen. Im Frühjahr 1972 stießen zwölf kommunistische Divisionen – insgesamt 120 000 Mann – über den 17. Breitengrad nach Süden vor.

Zur gleichen Zeit bewarb sich Präsident Nixon in den Vereinigten Staaten um seine Wiederwahl. Er versprach, den Krieg, der sich zum längsten der amerikanischen Geschichte entwickelt hatte, zu beenden, und war entschlossen, die neue Offensive mit der geballten Feuerkraft der amerikanischen Luftstreitkräfte niederzuwerfen. Am 15. April befahl Nixon die Wiederaufnahme der Luftangriffe. Gleichzeitig hob er die Beschränkungen, die den amerikanischen Piloten vier Jahre zuvor die Hände gebunden hatten, weitgehend auf. Mehr militärische und industrielle Anlagen als je zuvor wurden zu Zielen erklärt, darunter einige in und um Hanoi und Haiphong: Bahnhöfe, Brücken, Fabriken, Öllager, Flugplätze, Truppensammelplätze. Darüber hinaus sollte die Marine mit ihren A-6 Intruder den Hafen von Haiphong verminen, um russische und chinesische Frachter am Einlaufen zu hindern.

In den vier Jahren seit der Einstellung der amerikanischen Luftangriffe auf den Norden hatten die Vernichtungswaffen, die an Bord der Flugzeuge mitgeführt wurden, einen neuen, furchtbaren Grad der Komplexität und Wirksamkeit erreicht. Die amerikanische Luftwaffe verfügte über eine 900-Kilo-Bombe mit einer kleinen Fernsehkamera in der Spitze. Sie trug die Bezeichnung Walleye und wurde normalerweise von der F-4 Phantom mitgeführt. Unmittelbar vor dem Ausklinken richtete der Kampfbeobachter die Kamera über Fernsteuerung auf das Ziel aus, das auf einen kleinen Bildschirm vor ihm übertragen wurde. Durch diesen Vorgang prägte sich der Speicher der Bombe das Zielgebiet ein, auf das sie nach dem Ausklinken ohne weitere Einwirkung des Kampfbeobachters zusteuerte. Eine andere Version der sogenannten „intelligenten" Flugkörper verdankte ihre außerordentliche Treffsicherheit einem Laserstrahl. Zum Einsatz dieser Waffe waren mindestens zwei Flugzeuge erforderlich: Eines richtete den Laserstrahl auf das Ziel, das andere löste den Flugkörper aus. In der Regel schlug der Flugkörper in unmittelbarer Nähe des angestrahlten Punktes auf. Da auf einem einzigen Laserstrahl die Flugkörper von zwei oder mehr Maschinen geführt werden konnten, ergab sich eine mit herkömmlichen Bomben unvorstellbare Konzentration der Feuerkraft.

Aber die Anflüge auf Nordvietnam waren gefährlicher geworden. Die Nordvietnamesen hatten die Pause genutzt, um ihre Flugabwehr wesent-

Auf dem südvietnamesischen Flugplatz Phan Rang hebt sich die Silhouette einer F-4 Phantom am frühen Morgen gegen das grelle Licht von Bogenlampen ab. Während das Bodenpersonal die Maschine startbereit macht, geht die Besatzung die Checkliste durch. Anders als bei der amerikanischen Marine waren bei der Luftwaffe die Phantoms mit komplettem Doppelsteuer für den hinten sitzenden Kampfbeobachter ausgerüstet.

lich zu verstärken. Fast 300 zusätzliche SAM-Stellungen, die zum großen Teil eine neue, treffsicherere Version der SAM-2 verschossen, waren eingerichtet worden. Die Zahl der radargesteuerten Flakbatterien war auf über 1500 gestiegen. Außerdem waren etwa 250 Abfangjäger – ein Drittel davon schnelle, wendige MiG-21 – inzwischen in Nordvietnam stationiert.

Die Operation *Linebacker,* wie Football-Fan Nixon die Luftoffensive genannt hatte, lief am 10. Mai 1972 an. Auf dem Luftstützpunkt Ubon starteten 32 F-4 des 8. Taktischen Jagdgeschwaders und schwenkten auf Nordkurs zu den Thud-Bergen ein. Ihr Ziel war die Paul-Doumer-Brücke, die genau wie der Drachenschlund repariert worden war und so fest stand wie eh und je. Unter Flächen und Rümpfen führten die Maschinen eine genau berechnete Kombination von fernseh- und lasergesteuerten Flugkörpern und konventionellen 300-Kilo-Bomben mit.

Dem Verband zugeteilt war eine umfangreiche Hilfsflotte. Wie üblich flogen ihm Wild Weasels vom Typ F-105 des 388. Taktischen Jagdgeschwaders mit einer F-4-Eskorte voraus, um die Flugabwehr anzugreifen und nach MiG-Abfangjägern zu suchen. Ihnen folgte ein zweiter Phantom-Verband, der die Aufgabe hatte, „Düppel" abzuwerfen – leichte Alufolienstreifen zur Störung des gegnerischen Radars. 15 Minuten später – so lange dauerte es, bis sich die Düppel verteilt hatten – sollte die Hauptangriffsflotte im Zielgebiet eintreffen. Sie wurde zu beiden Seiten von zusätzlichen F-4 als Begleitschutz und MiG-Abwehr abgeschirmt. Jede von ihnen war mit Lenkwaffen des Typs Sidewinder und Sparrow bewaffnet.

Acht F-4-Piloten der 555. Taktischen Jagdstaffel waren zur vorgeschobenen MiG-Abwehr eingeteilt und bezogen in einiger Entfernung vom Gefechtsort Position, um den Feind abzufangen, bevor er angreifen konnte. Im Einsatz befanden sich darüber hinaus die üblichen Tanker, Aufklärer und Rettungsflugzeuge sowie vier EB-66 zur Ausschaltung des Feindradars. Alles in allem nahmen 130 Flugzeuge teil, von denen nicht einmal die Hälfte für die eigentliche Bombardierung vorgesehen war.

Die erste Kette der Phantoms erreichte die Paul-Doumer-Brücke, gefolgt von den übrigen, die eine nach der anderen ihre Bomben ausklinkten. Die Wild Weasels hatten den Verteidigern schwer zugesetzt, ohne die Flugabwehr allerdings ausschalten zu können. Eine SAM nach der anderen schoß empor – insgesamt wurden an diesem Tage 160 Boden-Luft-Raketen abgefeuert. Dessenungeachtet hatten die Düppel und die EB-66 bei der Störung des Feindradars offenbar ganze Arbeit geleistet. Aus dem Phantom-Verband wurde nur ein einziges Begleitflugzeug herausgeschossen.

Während die Bombenflieger die Brücke bearbeiteten, hatten die zur MiG-Abwehr eingeteilten F-4 weiter nördlich ihren Sperriegel errichtet. Es dauerte gar nicht lange, bis der von Major Robert Lodge geführte Schwarm Oyster auf den bordeigenen Radarschirmen die Echos von vier Flugzeugen empfing, auf einer Distanz von etwa 70 Kilometern. Die beiden Verbände näherten sich einander mit einer Geschwindigkeit von mehr als 1600 Stundenkilometern. Es blieben etwa drei Minuten bis zum Zusammentreffen. Lodge wußte, daß sich alle amerikanischen Maschinen weiter südlich befanden, und zweifelte nicht, daß es sich um Feindflugzeuge handelte – es waren, wie sich herausstellte, MiG-21, die sich vom Flugplatz Yen Bai bei Hanoi auf den Weg gemacht hatten. Die MiGs waren noch nicht in Sichtweite, als Lodges Kampfbeobachter, Hauptmann Roger Locher, das Feuerleitradar der Phantom auf die führende gegnerische Maschine aufschaltete. Sekunden später feuerte Lodge auf eine Entfernung von knapp 13 Kilometern die erste Sparrow ab.

Der Flugkörper sauste aus der Abschußvorrichtung – und explodierte. Der Zündmechanismus im Innern der Rakete war zu früh losgegangen. Sofort feuerte Lodge seine zweite Rakete ab. Inzwischen hatte sich die Distanz zum Ziel auf zehn Kilometer verringert. Fünf endlos scheinende Sekunden vergingen, bis der Flugkörper, der mit dreifacher Schallgeschwindigkeit auf sein Opfer zuraste, traf. Die fast 30 Kilogramm Sprengstoff im Gefechtskopf verwandelten die MiG in einen roten Feuerball.

In der Zwischenzeit hatte Lodges Rottenflieger, Oberleutnant John Markle, die zweite MiG geortet und in kurzer Folge zwei Sparrows abgefeuert. Die erste hätte genügt; sie traf das Feindflugzeug unmittelbar hinter der Cockpithaube. Die Maschine fing Feuer und brach auseinander.

Die dritte und vierte MiG versuchten, die Phantoms mit vereinten Kräften zurückzudrängen, indem sie ihre Atoll-Raketensätze abfeuerten. Doch es wäre reiner Zufall gewesen, wenn sie getroffen hätten. Denn die mit Infrarot-Zielsuchköpfen ausgerüsteten Flugkörper flogen frontal auf die Phantoms zu und waren unfähig, auf deren Abgase einzuschwenken. Hauptmann Richard S. Ritchie, Führer der zweiten Rotte des Schwarms Oyster, nahm die Verfolgung der beiden vorbeijagenden MiGs auf. „Überall flogen Raketen herum", erinnerte er sich, „überall Feuerbälle, Rauchspuren, Wrackteile und Flugzeuge." Trotzdem riß er seine Phantom in einer steilen Rechtskurve herum, die ihn direkt hinter die zurückhängende MiG brachte. Sein Kampfbeobachter, Hauptmann Charles Debellevue, schaltete das Radar auf, und Ritchie feuerte zwei Sparrows ab. Die erste ging weit daneben, aber die zweite traf. Zum drittenmal innerhalb von etwa 30 Sekunden endete eine MiG in einem orangefarbenen Feuerball.

Qualm dringt aus den Triebwerken einer F-4 Phantom, die nach dem Sturzflug abfängt und eine Raketensalve auf Guerilla-Kämpfer in Südvietnam abfeuert.

WEATHER STATUS
EXISTING WEATHER
USAF

Auf die letzte MiG, die noch übriggeblieben war, machte Lodge Jagd. Er schloß zu ihr auf – und geriet plötzlich in Schwierigkeiten. Wie aus dem Nichts waren vier MiG-19 aufgetaucht, die auf ihn herabstürzten.

„Oyster Eins, MiGs in 10-Uhr-Position", rief sein Rottenflieger. Doch Lodge, mit der Verfolgung seines Opfers beschäftigt, antwortete nicht.

„He, Nummer Eins, abdrehen nach rechts! Sie feuern!"

Die Warnung kam zu spät. Die F-4 explodierte. Lodge kam ums Leben, während sich Locher aus der Maschine katapultieren konnte. Er kam in einem Waldstück auf und brachte es fertig, sich 23 Tage lang der Gefangennahme zu entziehen, bis er von einem Rettungshubschrauber an Bord genommen wurde. Die restlichen Maschinen des Schwarms Oyster flogen zur ihrer Basis zurück. Ritchie und Debellevue meldeten ihren Abschuß, den ersten von insgesamt fünf, mit denen sie sich als die erfolgreichsten MiG-Bekämpfer der amerikanischen Luftwaffe im Vietnamkrieg erweisen sollten. Debellevue erzielte später zusammen mit einem anderen Piloten seinen sechsten MiG-Abschuß. Damit war er der Amerikaner, der im Vietnamkrieg die meisten Luftsiege errang.

Ritchie und sein Kampfbeobachter sollten jedoch nicht die ersten sein, die mit fünf Abschüssen in den Rang der Flieger-Asse im Vietnamkrieg aufstiegen. Diese Ehre wurde zwei Leutnants der Marineflieger zuteil, Randy Cunningham und seinem Kampfbeobachter, William Driscoll. Am ersten Tag der Operation *Linebacker* erhielten amerikanische Trägerflugzeuge den Auftrag, die Bahnhöfe von Haiphong anzugreifen. Cunningham und Driscoll hatten mit ihrer Phantom bereits zwei Flugzeuge abgeschossen und sollten ihnen an diesem Tag noch drei MiG-17 folgen lassen.

Das erste Duell begann unmittelbar nachdem Cunningham seine Bomben ausgeklinkt hatte und wieder hochzog. Hinter ihm hingen zwei MiG-17, von denen eine das Feuer eröffnete. Cunninghams Rottenflieger war den MiGs zwar auf den Fersen, fürchtete aber, Cunningham zu treffen, wenn er seine Raketen abfeuerte; über eine Bordkanone verfügte er in seiner F-4 nicht. Cunningham zog scharf herum und ging auf Gegenkurs zu seinem Verfolger, der bei der hohen Geschwindigkeit dem Manöver nicht folgen konnte. In diesem Moment wendete Cunningham erneut, setzte sich hinter die MiG und feuerte eine Sidewinder ab, die ihr Ziel fand.

Cunningham sah sich nach einem anderen Gegner um und entdeckte acht MiGs, die mit drei amerikanischen F-4 in einen Kampf verwickelt waren. Als er in den Sturzflug überging, um ihnen zu Hilfe zu kommen, jagte eines der Marine-Kampfflugzeuge mit drei MiGs am Leitwerk an ihm vorbei. Die führende MiG hatte schon so dicht aufgeschlossen, daß Cunningham seine Sidewinder nicht einsetzen konnte, ohne seinen Kameraden in der Phantom zu gefährden. Ihm blieb nichts anderes übrig, als sie zu verfolgen und den Phantom-Piloten über Funk aufzufordern, hart wegzuziehen – und ihm das Schußfeld freizugeben. In den wenigen Sekunden, die inzwischen vergangen waren, hatten sich vier MiG-17 hinter Cunningham manövriert. Doch Driscoll warnte seinen Piloten, der die Maschine mit einer leichten Kursänderung aus der Schußlinie brachte. Schließlich gelang es der Phantom an der Spitze der Schlange auszubrechen, und Cunningham feuerte eine Sidewinder ab. Die MiG vor ihm fing Feuer, und Cunningham schüttelte durch geschickte Ausweichmanöver sowohl die MiG-17 als auch vier MiG-21, die dazugestoßen waren, ab. Seit Cunninghams Bombenabwurf waren zwei Minuten vergangen.

„Wo ich auch hinsah, entdeckte ich MiGs", berichtete er später, „aber ich fand keine anderen F-4. Also drehte ich nach Osten ab", zurück zu seinem Flugzeugträger, der *Constellation*. Als er gerade die Küste erreichte, sichtete er eine einsame MiG-17, die ihm genau entgegenkam. Cunning-

In der Radarzentrale des Saigoner Flughafens Tan Son Nhut dirigieren Leitoffiziere Kampfflugzeuge, deren Flugweg sie auf einer riesigen transparenten Karte verfolgen, zu einem Ziel in der Nähe der kambodschanischen Grenze. Kurz vor Erreichen des Zielgebietes wurden die Maschinen von einem fliegenden Feuerleitoffizier übernommen.

ham und Driscoll, die ihren Rottenflieger in dem Getümmel verloren hatten, waren ebenfalls allein. Aber Cunningham, angriffsfreudig wie alle Piloten des Vietnamkrieges, wollte sich seinen fünften Luftsieg nicht entgehen lassen. Er schob die Leistungshebel nach vorn. „Jetzt paß auf, Willie", sagte er zu Driscoll in der Erwartung, daß die MiG ausweichen würde. Doch der gegnerische Pilot behielt seinen Kurs bei – und eröffnete aus seinen 23- und 37-mm-Bordkanonen das Feuer. „Seine Rumpfnase blitzte auf wie ein Weihnachtsbaum!" berichtete Cunningham, der hart hochzog, um dem Geschoßhagel auszuweichen.

Die meisten MiG-17-Piloten hätten es damit bewenden lassen. Dieser aber wollte den Kampf und manövrierte sich blitzschnell neben den Marine-Jet. „Ich sah hinüber", sagte Cunningham, „und erblickte die MiG-Kanzel neben mir. Die Distanz zwischen uns betrug höchstens zehn Meter. Ich konnte den Piloten ganz genau sehen – Lederhelm, Brille, Schal."

Für ein klassisches Luftduell mit der MiG-17 war die Phantom kaum geeignet. In der Regel werden solche Gefechte im Unterschallbereich ausgetragen, in dem die MiG der F-4 an Wendigkeit überlegen ist. Trotzdem ließ sich Cunningham auf einen derartigen Luftkampf ein. Beide Maschinen stiegen nahezu senkrecht hoch und verloren Fahrt. Der MiG-Pilot fiel zurück, brachte sich in Schußposition hinter Cunningham und eröffnete das Feuer. Cunningham zog seitlich weg und drückte an, um im Sturzflug zu entkommen. Nachdem er ein oder zwei Sekunden lang das Weite gesucht hatte, wendete er, um den Kampf wieder aufzunehmen. Aber die MiG kam schon wieder auf ihn zu. Die Phantom wiederholte das Manöver vom ersten Mal, zog hoch und wich seitlich aus. Die MiG hielt mit und griff erneut an. Und so ging es weiter: „Hoch in eine Schere – Vorteil – Nachteil – auseinander – zurück – und wieder senkrecht hoch." Keinem gelang es, sich den kleinen Vorteil zu verschaffen, der den Sieg bedeutete.

Aus einem steilen Steigflug heraus brach die MiG den Kampf offenbar aus Mangel an Treibstoff schließlich ab und floh – in einem nahezu senkrechten Sturzflug. Cunningham blieb hinter ihr, feuerte eine Sidewinder ab und beobachtete, wie sie ihr Ziel fand. Ein heller Lichtblitz, dann eine kleine Rauchwolke, und der Düsenjäger zerschellte am Boden.

Ein derart gefährliches Duell hatten Cunningham und Driscoll noch nie erlebt. Kein Wunder. Aus nachrichtendienstlichen Quellen wurde später bekannt, daß es sich bei dem abgeschossenen Piloten mit größter Wahrscheinlichkeit um Oberst Toon gehandelt hatte, den erfolgreichsten Jagdflieger der Gegenseite. Laut kommunistischen Meldungen hatte Toon bis zu seinem Tod 13 amerikanische Flugzeuge abgeschossen, mehr als jeder andere Pilot des Vietnamkriegs, falls diese Angabe stimmt.

Für Cunningham und Driscoll war der Tag jedoch noch nicht zu Ende. Ihr Duell mit Oberst Toon hatte weitere MiGs angezogen, denen die beiden frischgebackenen Flieger-Asse nur mit Hilfe einer anderen Phantom entkommen konnten, die genau im richtigen Moment auftauchte. Die nächste Attacke erfolgte durch zwei SAMs. Die erste sah Cunningham gerade noch rechtzeitig genug, um ausweichen zu können, aber die zweite tauchte so plötzlich auf, daß es für jedes Manöver zu spät war. Sie explodierte in etwa 120 Meter Entfernung. Umherfliegende Splitter beschädigten das Hydrauliksystem der Phantom. Cunningham gab sein Letztes an Nerven- und Muskelkraft, um die Maschine unter Kontrolle zu halten – und wenigstens den Golf von Tongking zu erreichen, damit er und Driscoll nicht über nordvietnamesischem Gebiet abspringen mußten.

Sie überflogen gerade die Küste, als die Steuerung endgültig ausfiel und die Phantom ins Trudeln geriet. Der Absturz war nicht mehr zu verhindern. Cunningham und Driscoll katapultierten sich mit ihren Schleudersitzen hinaus. Amerikanische Schiffe, von denen aus der Flugweg der Maschine über die offene See beobachtet worden war, hatten Hubschrauber aufsteigen lassen, um Überlebende aufzunehmen. Minuten später hatten sie die Flieger aus dem Wasser gefischt und brachten sie in Sicherheit.

Alles in allem waren die F-4-Einsätze dieses Tages erfolgreich verlaufen. Die Marine-Phantoms hatten den Bahnhof von Haiphong in Schutt und Asche gelegt, die der Luftwaffe einen Bogen der Paul-Doumer-Brücke zum Einsturz gebracht und sie unpassierbar gemacht. Drei Tage später brachen die Phantoms erneut auf, um den Drachenschlund zu vernichten. Mit rund 36 Tonnen laser- und fernsehgelenkten Bomben erreichten sie, daß die Brücke – endlich und endgültig – in sich zusammenfiel.

Sechs Monate der Operation *Linebacker* führten zum Zusammenbruch des Transportsystems in Nordvietnam und zur völligen Vernichtung anderer Ziele. Dennoch taten die Kommunisten alles, um die Pariser Friedenskonferenz zum Scheitern zu bringen; am 13. Dezember brachen sie die Gespräche ab. Die Vereinigten Staaten reagierten mit der Vorbereitung einer neuen Offensive. Am 18. Dezember lief die Operation *Linebacker II* an. B-52-Bomber des SAC erhielten den Auftrag, rund um die Uhr Angriffe auf Hanoi und Haiphong zu fliegen. Die gut vorbereitete Luftoffensive war so massiv, daß sie als Elf-Tage-Krieg in die Geschichte einging. Die Ziele – Fabriken, Flugplätze und Transporteinrichtungen, die bis dahin ausgespart geblieben waren – lagen mitten im Herzen von Hanoi und Haiphong.

Bis dahin hatten sich die Bomberbesatzungen des SAC bei ihren Einsätzen sicher fühlen dürfen. Die B-52 flog in Höhen, die für die Flugabwehr in Südvietnam oder Kambodscha, wo es darüber hinaus weder SAM-Batterien noch MiGs gab, unerreichbar waren. Über Hanoi hingegen waren die Bomber einem dichten Sperrfeuer aus 100-mm-Flakgeschossen und SAMs ausgesetzt. „Streck den Arm aus und halt die Finger zusammen auf dein Gesicht gerichtet", sagte ein Pilot. „Wenn du dann mit der Hand blitzartig auf dein Gesicht zufährst und dabei die Finger spreizt, dann weißt du, wie die verdammten SAMs aussehen, wenn sie auf dich zufliegen." Die Verluste waren hoch: Von 729 Einsatzflügen kehrten 15 Bomber nicht zurück.

Bis zum Ende der Luftoffensive machten die B-52 ihre Ziele mit fast 14 000 Tonnen Bomben dem Erdboden gleich. In Hanoi und Haiphong blieb nichts stehen, was der Kriegführung förderlich hätte sein können. Mehr als 1600 militärische Einrichtungen wurden getroffen, zehn Flugplätze unbenutzbar gemacht. Über elf Millionen Liter Öl und Treibstoff gingen in Flammen auf. Das nordvietnamesische Eisenbahnnetz wurde an mehr als 500 Stellen unterbrochen. Angesichts der Verwüstungen erklärte sich Nordvietnam am 1. Januar 1973 zur Wiederaufnahme der Friedensverhandlungen bereit. Zweiundzwanzig Tage später wurde ein Waffenstillstandsabkommen unterzeichnet.

Die Kosten des Krieges – finanziell wie an Menschenleben – waren ungeheuerlich. Zwischen 1964 und 1973 gingen etwa 6 Millionen Tonnen Bomben auf Indochina nieder – dreimal soviel wie im Zweiten Weltkrieg auf Deutschland und Japan zusammen. Die Strahlkampfflugzeuge, von denen die Vereinigten Staaten 2400 – davon mehr als 1800 durch Feindeinwirkung – verloren, kosteten pro Stück bis zu neun Millionen Dollar. 2000 Mann des fliegenden Personals kehrten nicht zurück.

Zwei Jahre nach dem Abzug der Amerikaner trat ein, was sie zu verhindern versucht hatten. Ende März 1975 setzte die wiedererstarkte nordvietnamesische Armee zu ihrer letzten Großoffensive an. Die Verteidigung Südvietnams brach zusammen. Vier stürmische Wochen später fiel Saigon. Der kommunistische Norden hatte den Krieg gewonnen.

Ein Besatzungsmitglied der „Constellation", die 1972 im Golf von Tongking operiert, wartet an einem Katapult-Steuerkasten die Startvorbereitungen einer F-8 Crusader ab.

Trommelfeuer von See

Als die Vereinigten Staaten im März 1965 die massive Bombenoffensive *Rolling Thunder* gegen Nordvietnam einleiteten, fiel der Marine eine wichtige Rolle zu. Von Flugzeugträgern vor der gegnerischen Küste starteten Jagdbomber, die Ziele in Nordvietnam mit Bomben belegten und Tausende von Einsätzen zur Unterstützung der Erdkampftruppen flogen.

Der Vietnamkrieg wurde zur grimmigen Bewährungsprobe für eine ganze Generation von Marine-Strahlflugzeugen, die seit dem Koreakrieg Einsatzreife erlangt hatten. Die LTV F-8 Crusader *(links)* war ein über 15 Tonnen schwerer, mit Kanonen und Lenkwaffen bestückter Jäger. Außerdem schickte die amerikanische Marine drei robuste Kampfflugzeuge ins Feld: die Douglas A-4 Skyhawk, die Vought A-7 Corsair II und die allwettertaugliche Grumman A-6 Intruder.

Auf den Flugzeugträgern waren im Gefolge dieser schlagkräftigen Jets einige Veränderungen notwendig geworden. Anstelle der geraden gab es nun schräg ansteigende Flugdecks, die bei gleichzeitigen Starts und Landungen mehr Sicherheit boten. Starke Dampfkatapulte entwickelten weit größere Schleuderkraft als die früheren Hydraulikkatapulte und sorgten dafür, daß die schwer beladenen Maschinen gut in die Luft kamen. An die Stelle der Einweiser mit ihren verschiedenfarbigen Kellen waren präzise Landeführungssysteme (MLS) getreten.

Auf dem Deck des Flugzeugträgers „Constellation“ stehen Allwetter-Kampfflugzeuge vom Typ A-6, an denen ein Waffenwart zwei Luft-Luft-Raketen vom Typ Sidewinder vorbeischiebt. Auf das Konto der Sidewinder ging der größte Teil der 59 MiGs, die während des Vietnamkrieges von amerikanischen Marinefliegern abgeschossen wurden.

Waffenwarte bringen eine „intelligente", lasergelenkte 230-Kilo-Bombe an ihrer Station an.

Konventionelle hochbrisante Sprengbomben werden vor einem Einsatz an den Aufhängungen der Flugzeuge angebracht. Um die Detonationsgefahr so gering wie möglich zu halten, wurden die Zünder erst kurz vor dem Start in die Öffnungen in der Spitze der Bombe eingesetzt.

Angehörige des Katapult-Personals auf der „Hancock" befestigen eine A-4 Skyhawk am Katapult, während der Startoffizier dem Piloten durch Heben der Arme signalisiert, die Bremsen zu lösen.

Ein Flugzeugführer eilt zu seiner Maschine, die zum Katapult gerollt werden soll. Ein Besatzungsmitglied zieht die Sicherungsbolzen aus dem Fahrwerk. Die Männer trugen Kopfhörer zum Schutz vor dem Lärm und zur Verständigung.

Nach dem Katapultstart einer A-7 Corsair ziehen Dampffetzen über das Flugdeck der „Enterprise". Mit Hilfe des Katapults konnten die Flugzeuge in knapp drei Sekunden aus dem Stand auf mehr als 270 Stundenkilometer beschleunigt werden.

Eine F-8, unscharf infolge ihrer Geschwindigkeit, jagt über das Flugdeck, bevor der Fanghaken am Heck in das Fangseil greift und die Maschine zum Stehen bringt. Wie auf dem Photo zu sehen ist, stand immer ein Mann bereit, das Seil von Hand auszuklinken, falls die Automatik versagte.

Eine A-4 Skyhawk rast in das Fangnetz des Flugzeugträgers „Oriskany". Ihr Pilot, der im Einsatz verwundet wurde, führte trotz gebrochener Beine seinen Bombenanflug durch, bevor er den 200 Kilometer langen Rückflug zu seinem Schiff antrat.

5

Duelle über der Wüste

Im Frühjahr 1967 ertönte über den Sender Radio Kairo fast täglich die durchdringende Stimme des ägyptischen Präsidenten Gamal Abd el-Nasser, der nicht müde wurde, alte Haßgefühle aufzurühren. „Wir bieten Israel die Stirn", rief er im Mai aus, „und wir bieten dem Westen die Stirn, der Israel ins Leben gerufen hat und der Araber verachtet. . ." Seine Worte lösten in einer Welt, die wegen des Vietnamkrieges und der Unversöhnlichkeit, mit der sich die Vereinigten Staaten und die Sowjetunion gegenüberstanden, ohnehin unter extremen Spannungen lebte, eine neue Welle der Angst aus. Tatsächlich unterstützte der Westen Israel mit Geld und Waffen, während die Sowjetunion Ägypten mit Geschützen, Panzern und Flugzeugen belieferte. Nasser: „Unser Ziel wird es sein, Israel zu vernichten".

Die Spannungen im Nahen Osten herrschten seit fast 20 Jahren und hatten sich bereits zweimal in kriegerischen Auseinandersetzungen entladen. Am 15. Mai 1948, einen Tag nach der Ausrufung des unabhängigen Staates Israel auf dem historischen Boden Palästinas, drangen seine arabischen Nachbarn über die Grenzen ein, entschlossen, sich der Gründung einer jüdischen Nation mit aller Härte zu widersetzen. Ägypten, Jordanien, der Libanon, Syrien und der Irak entsandten Truppen – ohne sonderlichen Erfolg. Acht Monate später, als auf Vermittlung der Vereinten Nationen ein Waffenstillstand zustande kam, hatte Israel sein Territorium um fast die Hälfte vergrößert. Die Spannungen blieben. Ebenso entschlossen wie die Araber, ihren Anspruch auf Palästina geltend zu machen, waren die Israelis, ihren Lebensraum zu verteidigen.

1956 kam es erneut zu Kämpfen. In einem politischen Handstreich verstaatlichte Nasser den Suezkanal, der sich im Besitz der britischen Regierung und privater französischer Investoren befand. Als Großbritannien und Frankreich versuchten, ihr Eigentum mit Gewalt zurückzufordern, kam Israel ihnen zu Hilfe, allerdings ohne Erfolg. Der Krieg dauerte knapp drei Monate. Ein weiteres Mal sorgte die UNO dafür, daß der Frieden wiederhergestellt wurde. Nasser behielt den Kanal.

Keine zehn Jahre später spitzte sich die Situation erneut zu. Zahlreiche arabische Flüchtlinge, die Palästina während des israelischen Unabhängigkeitskrieges verlassen und in den Wüsten entlang der israelischen Grenzen ihre Siedlungen errichtet hatten, schickten Überfallkommandos nach Israel. 1964 schossen sich die Untergrundkämpfer zu einer lockeren Organisation, der Palästinensischen Befreiungsorganisation PLO, zusammen, deren Ziel die Vernichtung Israels war.

Im November 1966 holten die Israelis zum Vergeltungsschlag gegen Jordanien aus, das der PLO erlaubt hatte, von seinem Gebiet aus zu operieren, und griffen mit Panzern ein Flüchtlingslager im Samu an. Sie vernichteten 127 Gebäude, darunter eine Schule und ein Krankenhaus. Fünf Monate später schlug Israel ein weiteres Mal zu, diesmal in Syrien, von dessen Golan-Höhen aus israelische Bauern unter Artilleriebeschuß ge-

Ein israelischer Pilot, der eine von den Vereinigten Staaten gelieferte Skyhawk fliegt, feuert während des Jom-Kippur-Krieges von 1973 eine vernichtende Raketensalve auf syrische Stellungen ab. „Zu wissen, daß die Forderung nach Luftunterstützung durch die Entsendung von Skyhawks beantwortet wird", meinte ein israelischer Soldat, „wirkt wahre Wunder auf die Moral."

nommen worden waren. Am 7. April 1967 flogen in Frankreich gebaute Jagdflugzeuge des Typs Dassault Mirage, Israels modernste Überschalljäger, Angriffe auf die Stellungen. Die Syrer warfen ihnen ihre MiG-21 entgegen. In den Luftkämpfen, die sich daraufhin entwickelten, schossen die Israelis sechs der von den Sowjets gelieferten Maschinen ab.

Syrien suchte nun die Hilfe Nassers, mit dem es ein gegenseitiger Verteidigungspakt verband. Nasser hatte Ägypten zur stärksten Macht an den Grenzen Israels aufgebaut. Er unterhielt ein 500 000 Mann starkes Heer mit annähernd 2000 von der Sowjetunion gelieferten Panzern. Ägyptens Luftwaffe verfügte über fast 600 in der Sowjetunion gebaute Flugzeuge, darunter vier MiG-19-Staffeln, sechs MiG-21-Staffeln und eine Jagdbomber-Staffel, die Suchoj Su-7 flog. Dazu kamen zwei mit Tupolew Tu-16, einem zweistrahligen Bomber, ausgerüstete Staffeln, die jede israelische Stadt innerhalb von 15 Minuten erreichen konnten.

Präsident Nasser ließ seinen Schimpfkanonaden jetzt Taten folgen. Am 15. Mai rollten ägyptische Infanterie-, Panzer- und Artillerieverbände über Brücken des Suezkanals auf die Sinai-Halbinsel an der Südwestgrenze Israels. Einen Tag später räumten die UNO-Friedenstruppen die Grenzgebiete gegenüber Israel. Am 20. Mai verlegte Nasser ein Luftlandebataillon nach Scharm esch-Scheich am Golf von Akaba. Zwei Tage danach sperrte er den Golf für Schiffe, die den israelischen Hafen Elath anlaufen wollten. Inzwischen standen die Ägypter mit 100 000 Mann und 1000 Panzern im Sinai. Ein Krieg schien unvermeidlich.

Eine Kolonne ägyptischer Militärfahrzeuge, die am dritten Tag des Sechs-Tage-Krieges von israelischen Düsenflugzeugen im Tiefflug angegriffen und gestoppt wurde, liegt zertrümmert an der Zufahrt zum Mitla-Paß, einem strategisch wichtigen Punkt im westlichen Sinai.

Israel hatte zu lange unter der Bedrohung der eigenen Existenz gelebt, um sich überraschen zu lassen. Das kleine Heer war gut gerüstet und hervorragend ausgebildet. Die Luftwaffe verfügte über ein imponierendes Arsenal von Strahlflugzeugen, die von Frankreich geliefert worden waren. 1955 hatte Israel 75 Jagdbomber des Typs Dassault Ouragon gekauft, die etwa der F-84 Thunderjet vergleichbar waren. Dazu war bald die ebenfalls von Dassault entwickelte Mystère IV gekommen, ein Deltaflügler, der sich etwa mit der F-86 Sabre messen konnte. Diese Flotte ergänzte Israel durch leichte Bomber des Typs Vautour, die es bei Sud Aviation bestellte, und leichte Jagdbomber für die Heeresunterstützung eines in Lizenz gebauten französischen Typs, die die Bezeichnung Fouga Magister trugen. 1959 führte die israelische Luftwaffe schließlich die Super-Mystère B2 ein, den ersten westeuropäischen Überschalljäger.

Die Super-Mystère war ein ebenbürtiger Gegner für die MiG-19, den Stolz der arabischen Jagdwaffe während der fünfziger Jahre. Aber 1962 waren die Russen dazu übergegangen, ihre Abnehmer mit der hervorragenden MiG-21 zu beliefern. Es gab in ganz Europa nur ein Flugzeug, das ihr gewachsen war: der von Dassault gebaute Deltaflügler Mirage III. Mit ihrer Spitzengeschwindigkeit von 2445 Stundenkilometern oder Mach 2,3 zog die auch im Luftkampf überlegene Mirage III allen Flugzeugen, über die die Araber verfügten, im Handumdrehen davon. Mit ihren zwei 30-mm-Schnellfeuerkanonen und zwei von den Amerikanern gelieferten Sidewinder-Raketen besaß sie gleichzeitig mehr Feuerkraft. Und mit ihrem Ak-

Israelische Düsenkampfflugzeuge, die im Tiefflug durch das Netz des ägyptischen Radarverteidigungssystems schlüpften, zerstörten die MiG-21, die auf dem Vorfeld eines Stützpunktes liegen. Am ersten Tag des Krieges vernichteten die Israelis mehr als 300 arabische Flugzeuge.

tionsradius von 1200 Kilometern konnte die Mirage, alternativ mit zwei 500-Kilo-Bomben beladen, Ziele tief im Innern des arabischen Raums angreifen. Israel bestellte 40 Maschinen dieses Typs.

Im spannungsgeladenen Frühjahr 1967 konnte die israelische Luftwaffe alles in allem 300 Flugzeuge einsetzen, Transport- und Versorgungsmaschinen eingeschlossen, die Araber hingegen fast 850. Diese Differenz ließ sich allein durch kämpferische Überlegenheit wettmachen. Das wußte auch Brigadegeneral Ezer Weizmann, der Chef der Luftoperationen. Er sagte: „Wir sind immer davon ausgegangen, daß wir es mit den besten Luftstreitkräften der Welt zu tun bekommen würden – dann gingen wir daran, zu zeigen, daß das nicht der Fall war."

Die Kriegsgefahr wuchs von Tag zu Tag. Israelische Aufklärer enthüllten das gewaltige Ausmaß des arabischen Aufmarsches. Am 26. Mai standen Infanterieverbände aus Ägypten und dem Irak in Jordanien, wo sie sich mit jordanischen Truppen vereinigten und an der israelischen Ostgrenze Stellung bezogen. Die arabische Artillerie bedrohte israelische Großstädte wie das 20 Kilometer weiter westlich gelegene Tel Aviv.

Zwei algerische MiG-17, zur Verstärkung der stark dezimierten ägyptischen Luftwaffe entsandt, greifen im Sechs-Tage-Krieg die Vorhut einer israelischen Kolonne an, die durch den nördlichen Sinai auf den Suezkanal zurollt. Die arabischen Luftangriffe konnten die Kolonne nicht aufhalten; die Israelis eroberten den Kanal am 7. Juni 1967.

Israelische Diplomaten hatten sich wochenlang bemüht, die Situation zu entschärfen; doch gleichzeitig hatte das Land zum Kampf gerüstet. Am 20. Mai begann die Regierung mit der Mobilmachung der 200 000 Mann starken Reserveverbände. Am 1. Juni fand eine Kabinettsumbildung statt, bei der Moshe Dayan, der angesehenste Militär des Landes, zum Verteidigungsminister ernannt wurde. Noch immer schien Israel nur an der Erhaltung des Friedens interessiert. Am folgenden Tag erklärte Dayan: „Bevor ich Mitglied wurde, beschritt die Regierung den Weg der Diplomatie: Wir müssen abwarten, was daraus wird." Und an jenem Samstag, dem 3. Juni, konnte man zahlreiche israelische Soldaten ihren Wochenendurlaub an den Stränden des Mittelmeers verbringen sehen.

Es war ein Meisterwerk der Täuschung. Am Montag, dem 5. Juni, um 7.45 Uhr, griffen die Israelis an. Leichte Bomber und Kampfflugzeuge aller Typen – Vautour, Ouragon, Mystère, Magister, Super-Mystère und Mirage III – flogen wichtige Luftstützpunkte in Nordägypten und im Sinai an. Die Eröffnungsschläge richteten sich gegen zehn Flugplätze. In Schwärmen von jeweils vier Maschinen jagten die Strahlflugzeuge drei- oder viermal über die Ziele hinweg – und bearbeiteten Flugzeughallen, Kontrolltürme, Start- und Landebahnen sowie abgestellte Flugzeuge mit Bomben und Bordwaffen. Auf den angegriffenen Plätzen wurden 32 MiG-21 zerstört, während sie zum Start rollten. Nur acht kamen in die Luft; sie vernichteten zwei israelische Flugzeuge, bevor sie selbst abgeschossen wurden.

Mit ihrem Eröffnungsschlag hatten die Israelis hoch gepokert, denn die Luftwaffe hatte lediglich zwölf Maschinen zur Abwehr eines eventuellen Gegenangriffs zurückgehalten. Aber es war gelungen, die Ägypter vollständig zu überraschen. Eröffnungsangriffe werden in der Regel in aller Herrgottsfrühe geflogen. Nachdem die gefährlichen Stunden der Morgendämmerung ereignislos vergangen waren, hatte die Wachsamkeit der Ägypter nachgelassen. Die Jäger des ersten Überwachungs-Einsatzes hatten ihre Einsatzbasen bereits wieder erreicht. Auf den ägyptischen Radarschirmen waren keine verdächtigen Echos aufgetaucht. Die Angreifer hatten sich bei ihrem Anflug über der Wüste in 90 Meter Abstand vom Boden gehalten. Gleichzeitig hatten sie absolute Funkstille bewahrt.

Zu den Schwarmführern der ersten Angriffswelle gehörte der untersetzte, blauäugige Major Aharon „Yalo" Shavit, ein Veteran der Kämpfe gegen Ägypten während der Suezkrise von 1956. Genau nach Plan tauchten seine vier Super-Mystères über der MiG-21-Basis Inchas in der Nähe von Kairo auf. Beim ersten Anflug rissen Shavits zwei konventionelle 250-Kilo-Bomben tiefe Trichter in die Startbahn. Ein Teil seiner nachfolgenden Kameraden warf eine in Israel speziell für Angriffe auf Flugpisten entwickelte Waffe namens Dibber ab. Es handelte sich um eine Bombe mit einem kleinen Raketenantrieb, die die Stahlbetondecke der Piste durchbrach und je nach Einstellung des Zeitzünders erst Sekunden oder Minuten nach dem Aufschlag detonierte – zum heillosen Schrecken der Männer, die zum Reparaturdienst eingeteilt waren.

Nachdem er seine Bomben abgeworfen hatte, fegte Shavit dreimal im Tiefflug über den Platz hinweg und feuerte auf abgestellte MiGs. Beim dritten Anflug geriet er in den Geschoßhagel einer schweren 14,7-mm-Maschinenkanone sowjetischer Bauart. Vier Geschosse schlugen dicht neben seinem Sitz im Cockpit ein; andere zerfetzten die Leitungen seiner Sturzflugbremsen, die sich nicht mehr einfahren ließen. Als Shavit über seinem Einsatzplatz ankam, stellte er fest, daß das Fahrwerk klemmte.

„Abspringen!" lautete die Anweisung vom Boden.

„Was heißt hier abspringen?" gab Shavit zurück, der keinen Sinn darin sah, ein möglicherweise reparierbares Kampfflugzeug aufzugeben.

Er zog hoch und reduzierte die Fahrt bis knapp über die Landegeschwindigkeit. Gleichzeitig steuerte er die letzten Meter der Landebahn an. Wenn sein Manöver mißglückte, mußte der Platz wenigstens nicht bis zur Räumung von Wrackteilen für nachfolgende Maschinen gesperrt werden. Es gab einen Ruck; dann rutschte das beschädigte Flugzeug funkensprühend über die befestigte Bahn hinaus – und blieb liegen. Shavit stieg aus und schlenderte zum Einsatzraum, um sich zurückzumelden.

Fast drei Stunden dauerten die Luftangriffe, die im Abstand von zehn Minuten erfolgten. Die Ägypter standen ihnen mehr oder minder machtlos gegenüber. Ihre Flugabwehr erzielte einige wenige Treffer, bevor die Geschütze zum Schweigen gebracht wurden, doch sie fielen kaum ins Gewicht. Sowjetische SAM-2, die die Ägypter zusammen mit MiGs und anderem sowjetischen Kriegsmaterial gekauft hatten, erwiesen sich als ungeeignet. Mit ihrer wirksamen Mindesthöhe von 600 Metern spürten sie nicht ein einziges der tieffliegenden israelischen Strahlflugzeuge auf.

Die wenigen MiGs, die in die Luft kamen, wurden schnell überwältigt. Zwanzig in Hurghada, im Süden, gestartete MiG-19 und MiG-21 kamen mit ungenügenden Treibstoffreserven im Kampfgebiet an. Alle wurden entweder von israelischen Flugzeugen abgeschossen oder gingen bei Notlandungen wegen Treibstoffmangels zu Bruch.

Am Vormittag, als der letzte israelische Jet von seinem Ziel abdrehte, hatte die stärkste Luftwaffe im Nahen Osten praktisch zu existieren aufgehört. Am Ende des ersten Kriegstages waren 20 Flugplätze nicht mehr zu gebrauchen. Nur eine Piste – im nördlichen Sinai – ließen die Israelis intakt. Sie sparten sie aus, um sie später selbst benutzen zu können. Von den 340 Kampfflugzeugen Ägyptens sollten 300 nie wieder fliegen. Die meisten, darunter auch die 30 Tu-16, mit denen die Ägypter Bomben in israelische Städte hätten tragen können, waren durch Bordwaffenbeschuß am Boden vernichtet worden.

Nachdem sie die ägyptische Luftwaffe unschädlich gemacht hatten, nahmen sich die Israelis Ziele im Osten vor – Flugplätze in Syrien, Jordanien und dem Irak. Noch am gleichen Tag führte Shavit seinen Schwarm Mystères nach Amman in Jordanien, wo er die Startbahn sprengte und drei ordentlich geparkte Kampfflugzeuge des britischen Typs Hawker Hunter außer Gefecht setzte. Kurz nach 16 Uhr startete er ein weiteres Mal, diesmal mit Kurs auf einen syrischen Luftstützpunkt bei Zaikal nordöstlich von Damaskus. Als er sich der Stadt näherte, kam ihm ein anderer israelischer Schwarm entgegen. Über Funk erreichte ihn die Warnung seiner Kameraden: „Das Gebiet wird von MiGs überwacht."

Shavit kannte die MiG aus vorausgegangenen Luftkampfübungen. Ein Jahr zuvor hatte sich ein irakischer Pilot mit einer der letzten MiG-21-Versionen nach Israel abgesetzt, und die israelische Luftwaffe hatte die Gelegenheit wahrgenommen, die Maschine auf Herz und Nieren zu prüfen. In allen Flughöhen, außer im Tiefflug, erwies sich der sowjetische Jet seinen Gegnern – mit Ausnahme der Mirage – überlegen. „Wir wußten genau, was zu tun war", erinnerte sich Shavit, „nämlich 30 Meter über dem Boden anfliegen." Doch um seine Bomben ins Ziel zu bringen, mußte er erst einmal steigen. Er führte seinen Schwarm auf 1800 Meter. Dann drückte er an und ging zum Sturzangriff auf den Flugplatz Zaikal über.

Überschalljäger nähern sich ihren Zielen so rasant, daß selbst ein erfahrener Pilot Überraschungen erleben kann. Als Shavit seine Bomben ausklinkte und nach links wegzog, zählte er die Maschinen, die ihm folgten. Es waren fünf, drei eigene und zwei MiG-21, die wie aus dem Nichts aufgetaucht waren. „Nummer Vier, nach rechts wegziehen, nach rechts wegziehen", rief er dem Piloten der letzten Maschine seines Verbandes zu.

Ein untrügliches Auge

Zu den seltsamsten Flugzeugen am heutigen Himmel zählt eine Spezialversion der Boeing 707, mit einer rotierenden Scheibe auf dem Rumpf. Es handelt sich um eines der wichtigsten Flugzeuge der Amerikaner – eine fliegende Radarstation mit einem Rundumerfassungsbereich, der sich bis zum Horizont erstreckt. Das Frühwarnflugzeug AWACS – Airborne Warning and Control System – bietet den Vereinigten Staaten eine gewisse Sicherheit vor Überraschungsangriffen gegnerischer Flugzeuge.

Die in der Scheibe untergebrachten Antennen tasten den Luftraum von der Erdoberfläche bis zur Stratosphäre ab. Vor der Einführung der AWACS-Maschinen – die im Flug betankt werden und 21 Stunden in der Luft bleiben können – war es angreifenden Flugzeugen möglich, unbemerkt einzudringen, indem sie sich dicht am Boden hielten. (Bodenradarsysteme können Tiefstflieger nicht erfassen, und die meisten luftgestützten Radarsysteme sind nicht in der Lage, ein tieffliegendes Flugzeug von einem Baum oder Gebäude zu unterscheiden.) Das AWACS-Radar dagegen strahlt besondere Wellen aus, die von beweglichen Objekten in veränderter Frequenz reflektiert werden, und ist so in der Lage, auch tiefstfliegende Flugzeuge zu orten.

Die Radarechos werden von einem an Bord befindlichen Computer verarbeitet, der Höhe, Geschwindigkeit, Entfernung und Kurs eines jeden Flugzeugs innerhalb des rund 300 000 Quadratkilometer großen Erfassungsbereichs des Frühwarnflugzeugs ermittelt. Im Ernstfall würden Flugzeuge der eigenen oder befreundeter Luftstreitkräfte einen Code abstrahlen, der sie identifiziert. Die Daten der übrigen von AWACS erfaßten Flugzeuge würden an land- oder seegestützte Zentralen weitergeleitet und verwendet, um Abfangjäger zu den Feindmaschinen zu führen. Die Arbeitsweise von AWACS wird auf den nächsten Seiten erläutert.

Die Radarantenne von AWACS (oben), die einen Durchmesser von 9 Metern hat und fast zwei Meter dick ist, gibt ihre Informationen an Radartechniker an Bord des Flugzeugs weiter (rechts). Hier sind drei der neun Radarschirme zu sehen, an denen Techniker die Kurse aller Flugzeuge innerhalb eines Teilerfassungsbereichs verfolgen.

NATO
NATO OTAN

Eine Verbindung zwischen Himmel und Erde

Die Zeichnung verdeutlicht die Vielfalt der Funktionen, die ein einziges AWACS-Frühwarnsystem im Ernstfall erfüllen kann. Bei Erfassung gegnerischer Flugzeuge über See *(schwarze Flugzeuge, unten)* nimmt AWACS – direkt oder über Satelliten – Funkkontakt mit einem Flugzeugträger auf, der seinerseits sofort Abfangjäger *(weiße Flugzeuge)* entläßt. Die Piloten werden von Leitoffizieren an Bord der AWACS oder des Flugzeugträgers zu ihren Zielen geführt.

Außerdem steht AWACS mit mehreren Stationen an Land in Verbindung – einem Truppenhauptquartier, das Panzer in Marsch setzt, einer Fliegerabwehr-Raketenbatterie und einem Luftstützpunkt, von dem mit Lenkwaffen bestückte Abfangjäger aufsteigen, um Eindringlinge, die sich von jenseits der Berge nähern, zurückzudrängen. Im Gegensatz zum Bodenradar kann AWACS auch diese Feindflugzeuge „sehen“ und Angaben sowie Anweisungen übermitteln, die zur Bekämpfung der Ziele mit Raketen und Abfangjägern erforderlich sind.

Nummer Vier kurvte scharf, dicht gefolgt von der ersten der beiden MiGs. Shavit riß seine Mystère herum, um sich in Schußposition hinter die MiG zu setzen. Im gleichen Moment drehte Shavits Rottenflieger ein und nahm die Verfolgung der zweiten MiG auf.

Die syrischen Piloten waren sich der Leistungsgrenzen ihres Flugzeugs im Tiefflug durchaus bewußt und zogen hoch, uneinholbar für die langsamer steigenden israelischen Jets. Jetzt war es an Shavit, seinen Gegner wieder herunterzulocken. „Also zeigte ich ihm die Unterseite meiner Maschine", berichtete er. „Als er sah, daß ich in Rückenfluglage übergegangen war und nicht mehr mithalten konnte, beschloß er, herunterzukommen und mich abzuknallen."

Das war ein böser Fehler. Als der Syrer auf ihn zuraste, rollte Shavit in Normalfluglage und manövrierte sich hinter die MiG. Ein kurzer Feuerstoß aus seiner Bordkanone reichte, und der Syrer stürzte in die Sanddünen. Shavit sah sich nach seinem Rottenflieger um, der sich gerade in Schußposition hinter die zweite MiG brachte.

Der junge und unerfahrene Israeli wußte nicht so recht, was er als nächstes zu tun hatte. „Nummer Eins von Nummer Zwei", rief er.

„Um Himmels willen, was ist los?" fragte Shavit.

„Ich habe die MiG im . . ."

„FEUERN!"

Nummer Zwei gehorchte. „Rums, die Tragfläche brach weg", berichtete er. Im Anschluß daran machten sich die Mystères auf den Rückflug.

Israels Luftwaffe hatte fast zehn Stunden lang einen Einsatz nach dem anderen geflogen. Es war gelungen, die Bodenzeiten mit Auftanken und Munitionieren der Maschinen auf eine knappe halbe Stunde hinunterzudrücken. Einige Spitzenteams erledigten die Arbeiten in unglaublichen siebeneinhalb Minuten. So kam es, daß die Piloten zwischen Landung und Start kaum Zeit hatten, sich vom Einsatz zurückzumelden, eine Tasse Kaffee oder ein Sandwich zu holen und hinunterzuschlingen, bevor sie wieder zu ihren Maschinen gerufen wurden. Bei diesem Tempo brachten es einige auf volle neun Einsätze am ersten Kriegstag.

Am nächsten Morgen ging die Luftoffensive weiter. Einige israelische Piloten vollendeten das Werk der Vernichtung, das am Vortage auf arabischen Flugplätzen, Radarstationen und Geschützstellungen begonnen worden war. Andere unterstützten israelische Panzerverbände, die die ägyptische Armee aus dem Sinai zurück über den Suezkanal trieben. Wieder andere bombardierten syrische Bodentruppen, die sich in Stellungen auf den Golan-Höhen eingegraben hatten. Von Zeit zu Zeit entwickelte sich ein Kampf zwischen einer arabischen MiG und einer Mirage oder Mystère, den letztere in der Regel für sich entschieden. Am Ende des zweiten Tages war der Luftkrieg vorüber. Die Israelis hatten bis auf einen alle arabischen Flugplätze im Umkreis von 600 Kilometern betriebsunfähig gemacht und 393 Flugzeuge am Boden sowie 23 in der Luft zerstört. Sie selbst hatten 26 Maschinen verloren, vor allem durch Flakbeschuß.

In der über fünfzigjährigen Geschichte des Luftkriegs hatte es kaum einen eindeutigeren Sieg gegeben. Nun konnte das israelische Heer relativ gefahrlos durch die Wüste vorstoßen. Als am 10. Juni Waffenstillstand vereinbart wurde, hatten die Soldaten die ganze Sinai-Halbinsel, die Golan-Höhen, den schmalen Gaza-Streifen am Mittelmeer, das Westufer des Jordan und den arabischen Teil Jerusalems unter ihre Kontrolle gebracht. In nur sechs Tagen hatte der jüdische Staat seine Gegner ausgeschaltet und sein Territorium fast verdoppelt.

Die besetzten Gebiete bildeten eine Pufferzone, aber der Sieg brachte Israel keine dauernde Sicherheit. Die Araber forderten ihre Gebiete zurück.

Innerhalb von Monaten rüsteten die Russen Ägypten und Syrien mit neuen MiGs und Geschützen, Panzern und Lenkwaffen aus. Die nächsten zwei Jahre hielten arabische Regierungschefs unvermindert kriegerische Reden, und palästinensische Untergrundkämpfer setzten ihre Terrorangriffe von jordanischem Gebiet aus fort. Die Israelis ihrerseits begannen mit dem Bau von Stahlbetonbunkern und Geschützstellungen im westlichen Sinai entlang des Suezkanals. Die Ägypter sahen in diesen Befestigungen – die nach einem angesehenen israelischen General die Bar-Lev-Linie genannt wurden – den Ausdruck eines Zustandes, den sie nicht akzeptieren konnten. Im September 1968 nahmen sie die israelischen Positionen vom Westufer des Suezkanals aus erstmalig unter Beschuß.

Es begann eine anhaltende Folge von Grenzgefechten, mit denen Ägypten darauf abzielte, die israelische Armee zu demoralisieren. Israel verhielt sich abwartend und schickte seine Soldaten für die Dauer des Trommelfeuers in die Bunker. Solange sich die Zahl der Gefallenen und Verwundeten in Grenzen hielt, unternahm Israel keinen ernsthaften Versuch, die gegnerischen Geschütze zum Schweigen zu bringen.

Aber die Ägypter verstärkten den Konflikt. Anfang März 1969 prasselten innerhalb von nur zwei Tagen mehr als 35 000 Artilleriegeschosse auf die israelischen Soldaten nieder, von denen viele getötet wurden. Israel beauftragte seine Luftwaffe, die Situation zu bereinigen.

Inzwischen war Israel dazu übergegangen, seine Militärflugzeuge in den Vereinigten Staaten zu kaufen. Den robusten, von McDonnell Douglas gebauten Jagdbomber A-4 Skyhawk hatten sie bereits in Dienst gestellt; im September sollten die ersten F-4 Phantoms kommen. Ein Teil dieser neuen Maschinen war mit elektronischen Gegenmaßnahme-Systemen (EloGM) ausgerüstet, die dem Piloten halfen, radargelenkten Boden-Luft- und Flugabwehrraketen auszuweichen.

Die Luftangriffe auf Stellungen der Gegenseite jenseits des Kanals erfolgten in der Regel in zwei Wellen. Zunächst startete ein Skyhawk-Verband, der unter dem Schutzschirm von Mirage-Jägern Flakbatterien, SAM-2-Stellungen und Radareinrichtungen bombardierte. Dann folgte ein zweiter Verband, der die Artillerie angriff. Einige Monate später schlossen sich palästinensische Untergrundkämpfer, die von jordanischem und syrischem Gebiet aus operierten, dem Kampf an. Bald setzten die Israelis ihre Luftwaffe nicht mehr nur gegen die schwere Artillerie Ägyptens, sondern überall entlang der Grenzen der besetzten Gebiete ein.

Es war ein zäher, gefährlicher Kampf. „Fast jeden Tag bombardierten wir die Grenzgebiete", erinnerte sich ein Pilot. „Trainingsflüge am Vormittag, Bombenangriffe am Nachmittag." Gelegentlich wurden die Angreifer von MiGs abgefangen. Aber die größte Gefahr ging von dem tödlichen Luftverteidigungsnetz der Gegenseite aus. Während die Israelis die SAM-2 leicht lahmlegen konnten, indem sie tief flogen, bereitete ihnen die neue radargelenkte ZSU-23, eine Batterie von vier 23-mm-Kanonen, die 4000 Schuß in der Minute abgaben, großes Kopfzerbrechen.

Mehrere Flugzeuge wurden abgeschossen. Obgleich im Gegenzug Dutzende von ägyptischen Geschützen unschädlich gemacht wurden, stellten die Araber ihr Trommelfeuer nicht ein. Es mußten wirksamere Maßnahmen getroffen werden. Im Januar 1970 drangen Israels neue Phantoms tief ins Nildelta vor, um Radar- und Raketenstellungen in der Umgebung der Hauptstadt Kairo anzugreifen. Die meisten ägyptischen Raketen- und Flakeinrichtungen wurden von sowjetischem Personal bedient. Besorgt über die schweren Zerstörungen, die die Phantoms verursachten, schickten die Sowjets fünf Staffeln der modernsten MiG-21-Version sowie 150 sowjetische Piloten, die sie fliegen sollten.

Um beim Übergang vom senkrechten Steigflug in den Horizontalflug den sogenannten „Redout" zu vermeiden – eine Sehstörung, die dadurch entsteht, daß das Blut ins Gehirn schießt –, drücken zwei F-15-Piloten nicht nach vorn weg, sondern gehen erst in den Rückenflug über (links oben). Das Manöver wird anschließend durch eine halbe Rolle in Normalfluglage beendet.

Die erste Begegnung ließ nicht lange auf sich warten. Am 30. Juli stießen 16 MiGs über dem Golf von Suez auf einen Phantom-Schwarm herab. Sie wurden ihrerseits von Maschinen des über ihnen patrouillierenden Mirage-Schirms angegriffen. Es entwickelte sich ein Kampf, in dem die Israelis bewiesen, daß sie ihren sowjetischen Gegnern mehr als gewachsen waren.

„Ich schaffte es, eine MiG ins Visier zu bekommen", berichtete ein Phantom-Pilot, dessen Kampfbeobachter das Radar auf das Ziel aufschaltete. „Auf eine Entfernung von 1000 Metern", fuhr der Pilot fort, „feuerten wir eine Rakete ab. Die MiG fing Feuer, flog aber weiter. Wir jagten eine zweite Rakete hinterher, doch das war gar nicht mehr nötig. Die sowjetische Maschine flog plötzlich auseinander." Irgendwie gelang es dem gegnerischen Piloten, sich mit dem Fallschirm zu retten. Im Laufe des Luftkampfes wurden noch vier Sowjets – aber keine Israelis – abgeschossen.

Weder die Sowjetunion noch die Vereinigten Staaten wollten es wegen des Konflikts im Nahen Osten zum Krieg kommen lassen. Beide Mächte übten Druck auf ihre Schützlinge aus, die Kampfhandlungen einzustellen. Am 7. August 1970 unterzeichneten Israel und Ägypten, die sich von einer Fortführung ihrer Aktionen wenig versprachen, einen Waffenstillstand.

Einen Monat später erlag Nasser einem Herzanfall. Sein Nachfolger, Anwar as-Sadat, versuchte, auf diplomatischem Wege zurückzugewinnen, was sein Land auf dem Schlachtfeld verloren hatte. Seine Erfolgsaussichten waren gering. Die Israelis fühlten sich hinter Grenzen, die strategisch endlich sicher schienen, gut geschützt und sahen keinen Grund, sie wieder aufzugeben, solange sie nicht dazu gezwungen wurden. Und das schien unwahrscheinlich. „Israel ist heute eine militärische Supermacht", brüstete sich Generalmajor Ariel Sharon. „Keine nationale Streitmacht in Europa ist so stark wie wir. Wir sind in der Lage, in einer Woche das Gebiet von Khartum bis Bagdad und Algerien einzunehmen." Angesichts einer derartigen Kompromißlosigkeit machten sich Sadat und seine arabischen Verbündeten daran, einen weiteren Krieg vorzubereiten.

Ein Flugzeug sowjetischer Herkunft nach dem anderen traf in Ägypten und Syrien ein. In den nächsten drei Jahren verstärkte Syrien seine Luftwaffe auf 360 Jagd- und Bombenflugzeuge. Im gleichen Zeitraum wuchs die ägyptische Luftwaffe auf 650 Flugzeuge, darunter mit Lenkwaffen bestückte MiG-21 und MiG-17, MiG-19, Su-7 und eine Staffel strategischer Bomber des Typs Tu-16. Ägyptische Piloten trainierten voller Enthusiasmus. Sadat hatte aus den Ereignissen des Jahres 1967 gelernt. Wenn der Krieg kam, wollte er es sein, der den ersten Schlag führte.

Am Boden hatten die Ägypter ihre Flugabwehr drastisch verstärkt. Außer ihrem neu aufgebauten SAM-2-Gürtel entlang des Suezkanals hatten sie 75 bis 85 Abschußrampen für eine weit wendigere Lenkrakete, die SAM-3, installiert. Die SAM-3, deren wirksame Mindesthöhe unter optimalen Bedingungen bei 100 Metern lag, sollte die Lücke zwischen den hochreichenden SAM-2 und den 23-mm-Kanonen der ZSU-23 füllen. Kaum waren sie aufgestellt, fügten die Ägypter eine noch gefährlichere Lenkrakete hinzu – die SAM-6, ein 80 Kilogramm schweres Paket aus hochbrisantem Sprengstoff und Mikroelektronik, das damals modernste Boden-Luft-Abwehrsystem. Auf Kettenfahrzeuge montiert, konnte es einem Panzer- oder Artilleriebataillon auf seinem Vormarsch folgen. Das doppelte Radarleitsystem – eine Antenne, die den Himmel nach Feindflugzeugen abtastete, die andere zur Führung der Rakete im Fluge – konnte anfliegende Strahlflugzeuge auf eine Entfernung von über 40 Kilometern erfassen, eine Rakete abfeuern und sie in Richtung auf das Ziel lenken. Sollte das Ziel versuchen, das Radar auf einer Frequenz zu stören, so schaltete das System automatisch auf eine andere um. In der Endphase des Fluges wurde die Rakete durch ihren Infrarot-Zielsuchkopf gesteuert. Die SAM flog direkt in den Triebwerksauslaß und explodierte. Bis zum Herbst 1973 erhielten die Ägypter 184 SAM-6-Starter, Syrien kaufte 128.

Zusätzlich zu den Hochleistungs-SAMs verfügten einige arabische Infanteriekompanien über die SAM-7, eine kleine, schultergestützte Lenkrakete. Zusammen bildeten diese Waffen ein dichtes Netz zur Bekämpfung von Strahlflugzeugen, das von Bodennähe bis über die Gipfelhöhe aller israelischen Kampfflugzeuge hinausreichte.

Herablassend bagatellisierten die Experten des israelischen Geheimdienstes, was sie von den Vorbereitungen der Araber wußten. Aufgrund ihrer früheren Triumphe hielten sich die Israelis für unbesiegbar. Gelegentliche Scharmützel in der Luft trugen lediglich dazu bei, sie in ihrer arroganten Haltung zu bestärken. Als am 13. September 1973 ein MiG-21-Verband eine isrealische Patrouille vor der syrischen Küste angriff, entwikkelte sich ein verbissener Kampf, in dem zwölf Phantom- und Mirage-Jäger 13 syrische Gegner abschossen. Sie selbst verloren nur eine einzige Mirage. Dieses Ergebnis bestätigte in augenfälliger Weise die Überlegenheit der israelischen Piloten und der Maschinen, die sie flogen.

Sadats Verhalten ermutigte die Isrealis geradezu zur Selbstgefälligkeit. Ein Jahr und länger hatte er die Kriegstrommeln geschlagen, in öffentlichen Reden und Radioansprachen. Doch kaum jemand glaubte, daß er zur Tat schreiten würde. Als der Herbst kam, nahmen Sadats Pläne jedoch konkrete Formen an. Truppen und Panzer in riesiger Anzahl wurden in die Kanalzone verlegt. In den Dünen wurden Tausende von Schlauchbooten und Pontonbrückenteilen vergraben. Auch in Syrien fand eine heimliche Mobilmachung von Infanteriebataillonen statt; Panzer fuhren auf, und Geschütze wurden in ihre Feuerstellungen gebracht.

Der Oktober ist im Nahen Osten sowohl für die Moslems, die ihre Fastenzeit, den Ramadan, halten, als auch für die Juden, die eine Reihe unterschiedlich hoher Festtage feiern, ein Monat der religiösen Ereignisse und nicht die Zeit, in der man einen Krieg entfacht. Am 4. Oktober ordnete Sadat die Demobilisierung von 20 000 Soldaten an. Es war ein Täuschungsmanöver. Zwei Tage später, als die Juden feierlich den Jom Kippur, den Tag der Versöhnung, begingen, schlugen die Araber zu.

Unter der Einspiegelungsscheibe des Blickfelddarstellungsgeräts (HUD) befinden sich die Helligkeitsregler für den Tag- oder Nachtbetrieb

Wichtige Daten auf einen Blick

Im Cockpit der F-15 Eagle links befindet sich in Augenhöhe des Piloten die transparente Einspiegelungsscheibe des HUD (Head-up Display) oder Blickfelddarstellungsgeräts, auf der der Pilot wichtige Flugdaten ablesen kann, ohne den Blick vom Geschehen um sich abzuwenden. Die Informationen, von einem Digital-Computer über eine Kathodenstrahlröhre sichtbar gemacht, werden auf die Scheibe projiziert.

Die Zeichnung unten gibt die Display-Anzeige im Photo wieder. Das *W* stellt das Flugzeug dar, das, wie an der Kerbe an der Skala oben ersichtlich, einen Kompaßkurs von 336 Grad steuert. Der Kurs über Grund, der infolge des Seitenwindeinflusses (in diesem Fall um 5 Grad nach links) vom Kompaßkurs abweicht, ist an dem kleinen Kreis links unterhalb des *W* abzulesen.

Die beiden unterbrochenen Linien (die untere verläuft durch den Kreis, die obere ist durch eine 5 markiert) zeigen in Verbindung mit dem *W* die Lage des Flugzeugs in Relation zur Horizontalen an. An der Kerbe an der senkrechten Skala links läßt sich die Fluggeschwindigkeit ablesen, 285 Knoten (528 Stundenkilometer). Die Zahlen unter derselben Skala informieren über die Geschwindigkeit in Mach, nämlich 0,464, und die Beschleunigung in g (hier: G), nämlich 1,0. Letzteres stellt die Belastung dar, der Pilot und Flugzeug im Kurvenflug ausgesetzt sind. Die Kerbe, die auf der senkrechten Skala rechts die Höhe markiert, steht auf 4700 Fuß (1433 Meter). Die Zeit in Minuten bis zum nächsten Navigationspunkt ist mit 11,6 unter der rechten Skala abzulesen.

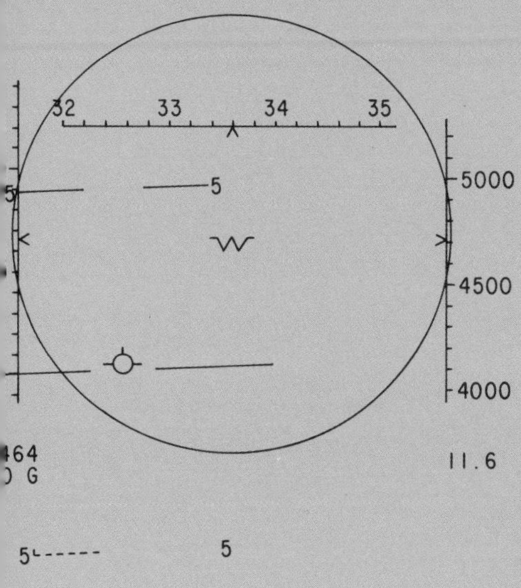

Zusammengezogene ägyptische MiG- und Su-7-Jagdbomberstaffeln – 250 Maschinen insgesamt – überflogen den Kanal, um israelische Luftstützpunkte, Radareinrichtungen und Raketenbatterien im Sinai anzugreifen. Zur gleichen Zeit, um 14.05 Uhr, eröffneten mehr als 2000 schwere Artilleriegeschütze das Feuer auf Israels Bar-Lev-Linie. Als der Geschoßhagel eingestellt wurde, stießen Angriffsverbände in Schlauchbooten über den Suezkanal vor. Dreieinhalb Stunden später hatten sie 14 israelische Befestigungen überrannt. Über dem Sinai wehte die ägyptische Flagge.

Auf den Golan-Höhen konnten die Israelis keine 200 Panzer aufbringen, um 900 syrische Panzer aufzuhalten. „Ich habe nie gewußt, daß es so viele Panzer gibt", meinte ein israelischer Panzerkommandant.

In den ersten Stunden des Krieges trafen die Israelis eine grundlegende strategische Entscheidung: Bevor man sich ernsthaft mit den Ägyptern im Sinai befaßte, sollten zunächst die Syrer an den nicht einmal 20 Kilometer von israelischem Gebiet entfernten Golan-Höhen abgewehrt werden. Sobald der Vormarsch der Syrer gestoppt war, konnten sich die Israelis den Ägyptern entgegenstellen, die durch die Wüste auf Israel zurollten.

Um die Sinai-Front bis zur Heranführung von Reserven zu halten, forderte das Heer die Hilfe der Luftwaffe an. Eine glückliche Eingebung hatte die Führung der Luftwaffe veranlaßt, die Geheimdienstberichte über den ägyptischen Aufmarsch ernst zu nehmen und die Piloten am Morgen des Angriffstages in Alarmbereitschaft zu versetzen. Eine halbe Stunde nach dem ersten Schußwechsel jagten Phantoms und Skyhawks in Richtung Westen. Sie flogen direkt in eine Wand aus Lenkraketen und Flakgeschossen, die die israelischen EloGM-Systeme überforderten. In der ersten halben Stunde wurden zehn Flugzeuge von SAMs verschiedener Typen getroffen. Die Ausfälle waren so schwerwiegend, daß der israelische Stabschef, Generalleutnant David Elazar, den Piloten verbot, näher als 16 Kilometer an den Suezkanal heranzufliegen. Die Verluste gingen zurück.

Auf den Golan-Höhen, Israels wichtigster Verteidigungszone, lag die Zahl der abgeschossenen Maschinen sogar noch höher: In nur zwei Stunden stürzten 25 Skyhawks und fünf Phantoms ab. Um die Verluste einzuschränken, flogen die israelischen Kampfflugzeuge über Jordanien ein und griffen die Syrer von der Flanke her an. Alles in allem hatten die Israelis trotzdem in den ersten Stunden des Krieges 40 Maschinen – elf Prozent ihrer Jagdbomber – und einen Teil ihrer besten Piloten verloren.

Die SAM-6 wütete mit besonderer Gründlichkeit. „Wenn das Ding erst einmal hinter dir ist, ist alles vorbei", warnte ein Pilot. Ein Zeitungskorrespondent an der syrischen Front beobachtete die Wirkung: „Man gewöhnte sich daran, die weiße Spirale einer SAM-6 am blauen Himmel zu sehen... dann eine graue Rauchwolke, aus der, noch bevor sie sich aufzulösen begann, die in Flammen gehüllte, abgeschossene Phantom auf die Erde zuraste. Fallschirme sah man selten."

Am Anfang versuchten die Israelis, die SAM-6-Stellungen mit nahezu selbstmörderischen Sturzflugangriffen zu überwältigen. Da die Raketen den Starter in relativ flachem Winkel zum Boden verlassen, zogen die angreifenden Phantom-Piloten ihre Maschinen hoch und ließen sich in fast senkrechtem Sturzflug hinter die SAM fallen, um Bomben oder radargelenkte Shrike-Flugkörper ins Ziel zu bringen. Doch das arabische Luftverteidigungsnetz hatte keine Lücken, so daß die Angreifer häufig Opfer einer anderen SAM oder einer ZSU-23 wurden.

Im Falle der Bedrohung durch eine SAM gingen die israelischen Piloten in Sturzflug über und warfen Ablenkungskörper ab. Wenn sie Glück hatten, sprachen die Infrarot-Sensoren der Raketen auf einen dieser Ablenkungsstrahler und nicht auf den heißen Schubstrahl ihres Flugzeugs an. Ein anderes Täuschungsmanöver der Israelis bestand darin, daß Rottenführer und Rottenflieger einander überschneidende Kurse flogen. Auf diese Weise hoffte man, an den Schnittpunkten „Wärmeflecken" zu verursachen, die die vorzeitige Explosion des Flugkörpers zur Folge hatten. Doch wenn die Raketen, wie so häufig, in dichten Salven abgefeuert wurden, gab es einfach kein Entkommen.

Unerwartet schnelle Hilfe kam aus den Vereinigten Staaten, die eine Luftbrücke einrichteten und die Israelis mit Munition, Panzern, Artilleriegeschützen und sogar Flugzeugen versorgten. Unter den Lieferungen befanden sich auch modernere, wirksamere EloGM-Systeme und riesige Mengen radarstörende Düppel. Diese machten die älteren SAMs zwar unwirksam; aber dem Radar der SAM-6, das in der Lage war, den Düppelvorhang zu durchdringen, war auf diese Weise nicht beizukommen. Die SAM-6 widerstanden außerdem jedem Störversuch mit EloGM-Systemen, die nur wirksam werden konnten, wenn sie auf die Frequenz einer bestimmten Radarstation abgestimmt waren. Die Frequenzen des SAM-6-Radars, die obendrein wechselten, waren vorläufig aber noch unbekannt.

Zu Beginn der Kämpfe um die Golan-Höhen half den Israelis das Glück des Tüchtigen, als ihre Kampfflugzeuge den Computer zerstörten, der den Einsatz eines Großteils des syrischen Flakgürtels leitete. So entstand eine verhältnismäßig ungefährliche Schneise, über die Phantoms und Skyhawks unbehelligt zum Angriff auf syrische Panzer und das verbliebene Lenkraketensystem anfliegen und letzteres Stück für Stück beseitigen konnten. Die Schneise öffnete ihnen außerdem den Weg zur syrischen Hauptstadt Damaskus. Der Flughafen, auf dem sowjetische Transporter mit Nachschub für die Syrer landeten, stand auf der Liste der Ziele ganz oben. Am Morgen des 14. Oktober griffen israelische Phantoms an.

„Unter uns liegt das Tal von Damaskus, in dem es zu kochen und zu brodeln scheint", heißt es in dem Bericht eines F-4-Piloten, der an dem Angriff teilnahm. „Raketen durchschneiden die Luft, und überall schwirren Flakgeschosse umher." Bei den Raketen handelte es sich glücklicherweise um SAMs der Typen 2 und 3, denen er ausweichen konnte. Er warf seine Bomben über einer der beiden Start- und Landebahnen des Flughafens ab. Doch er und seine Kameraden hatten den Flugplatz kaum überflogen, als ein MiG-Schwarm auf sie herabstieß. Die Worte des Piloten machen die Aufregung deutlich, die in diesem Moment herrschte. „Alles geht so schnell! Westlich sehe ich eine Phantom nach links wegziehen, der eine MiG am Leitwerk hängt. Ich setzte mich dahinter. Wenn die MiG aus der Kurve kommt, sage ich zu mir, jage ich eine Rakete los."

Die MiG kam aus der Kurve, und der Pilot feuerte eine Sidewinder – beziehungsweise eine Shafrir, eine verbesserte israelische Version – ab. Im selben Moment hörte er im Kopfhörer die metallisch verzerrte Stimme seines Kampfbeobachters: „Dreh ab, verflucht, dreh ab!" Hinter ihnen näherte sich eine andere MiG.

„Die kriegt uns nicht", antwortete der Pilot. „Wir sind zu weit weg."

Aber noch während er beobachtete, wie seine Rakete die MiG vor ihm erreichte, schlugen Kanonentreffer in sein Flugzeug ein. Die angreifende MiG war auf Schußentfernung herangekommen.

Eine andere Phantom vertrieb die MiG, bevor sie weiteren Schaden anrichten konnte. Doch während des ganzen Rückflugs hatte der F-4-Pilot alle Hände voll zu tun, um seine angeschossene Maschine einigermaßen in der Formation zu halten. Nach der Landung sah er den Grund: Am Ende der rechten Tragfläche klaffte „ein Loch, so groß wie ein Eimer".

Das Ende des Krieges mit Syrien war abzusehen. Die Syrer hatten nicht genug SAMs, um zu verhindern, daß die Israelis die Luftherrschaft errangen. Damit wendete sich der Kampf um die Golan-Höhen zu ihren Gunsten. Am 15. Oktober lag das riesige Panzer-Aufgebot Syriens in Trümmern, und die israelischen Truppen standen zehn Kilometer tief auf syrischem Gebiet. Israelische Piloten hatten mehr als 150 syrische Kampfflugzeuge abgeschossen – etwa die Hälfte der syrischen Luftstreitkräfte.

Nachdem es gelungen war, die Syrer, wenn auch nicht zur Aufgabe zu zwingen, so doch zurückzuwerfen, konzentrierten sich die Israelis auf den Sinai, wo die Ägypter inzwischen ihre Stellungen verstärkt hatten. Am 14. Oktober war die ägyptische Panzerspitze ostwärts in den Nord-Sinai aufgebrochen. Sie wurde von israelischen Panzerverbänden gestellt und in einer erbitterten Schlacht, in die auch Skyhawks und Phantoms eingriffen, zum Stehen gebracht. Es war der zweite Wendepunkt des Krieges.

Die Luftkämpfe über dem Sinai waren hart und verlustreich. Die ägyptischen Piloten hatten seit 1967 deutlich an Zähigkeit gewonnen. Ein MiG-17-Kommandant, Major Sherif Mohammed Arab, berichtete, wie er vier seiner Maschinen zum Angriff auf israelische Panzer ansetzte und selbst mit den übrigen acht weiterflog, um einen nahe gelegenen Luftstützpunkt zu bombardieren. Ihnen stellten sich acht Phantoms entgegen. Arab konnte sich einer kurzen Aufwallung der Angst nicht erwehren: Die F-4 waren die gefürchtetsten Flugzeuge im Nahen Osten, und die israelischen Piloten standen in dem Ruf, praktisch unbesiegbar zu sein.

Doch als die MiGs und Phantoms über dem Luftstützpunkt aufeinanderprallten, verflogen Arabs Bedenken. „Ich sah an der Art, wie die Israelis ihre Maschinen handhabten, daß sie weniger erfahren waren, als wir erwartet hatten", erinnerte er sich. Eine Phantom, die sich hinter ihn zu hängen versuchte, verwickelte er in einen engen Kurvenkampf – links, entgegengesetzt, dann wieder links, jeder bemüht, sich hinter den anderen zu manövrieren. Nach ein oder zwei Minuten nahm Arab den Düsenschub zurück und fuhr die Sturzflugbremsen aus. Die MiG hing in der Luft. Als die Phantom an ihm vorbeijagte, nahm Arab sie ins Visier. „Ich schoß aus etwa 150 Metern Entfernung", berichtete er. „Ich war überrascht, daß er nicht stieg, denn ich hätte ihm nicht folgen können."

Spitzenpiloten wie Arab hätten sich sicherlich mit jedem beliebigen Gegner messen können; aber er zählte zu den Ausnahmen in der ägyptischen Luftwaffe, von denen es nicht genügend gab, um die in der Regel überlegenen israelischen Piloten abzuwehren. Phantoms, Skyhawks und Mirages flogen im Durchschnitt fast 2500 Einsätze pro Woche gegen ägyptische Streitkräfte im Sinai. Um das Risiko möglichst gering zu halten, mieden sie den Bereich zwischen Kairo und dem Suezkanal, in dem die Ägypter ihre größtes SAM-Netz installiert hatten. Die Raketen herauszufordern bedeutete das sichere Ende. Die Vernichtung der SAMs mußte den Erdkampftruppen überlassen bleiben.

Am 16. Oktober führte der stämmige, angriffsfreudige Ariel Sharon die gewagteste Einzelaktion des Krieges durch, als er sich mit einem kleinen Panzerverband am Gros der ägyptischen Armee im Sinai vorbeischlich und auf die andere Seite des Suezkanals übersetzte. In wenigen Stunden gelang es ihm, sieben SAM-Starter außer Betrieb zu setzen. In den nächsten Tagen verstärkte Sharon seinen Brückenkopf am Westufer des Kanals. Am 19. Oktober hatte er insgesamt 40 SAM-Starter überrannt und eine große Lücke in das ägyptische Luftverteidigungsnetz gerissen. Durch diese Lücke drangen israelische Strahlkampfflugzeuge ein, die die noch verbliebenen Stellungen nach und nach ausschalteten. Mittlerweile waren 250 Panzer und 20 000 Mann der Dritten Armee Ägyptens in einem trostlosen Winkel des Sinai umzingelt und vom Nachschub abgeschnitten worden. Hitze, Durst und das unablässige Bombardement der Israelis setzten den Män-

Eine künstlich erzeugte Wirklichkeit

Auf dem Werksgelände des amerikanischen Flugzeugherstellers McDonnell Douglas in St. Louis steht ein zwölf Meter hoher Kuppelbau – ein Flugsimulator, in dem Jagdflieger erfahren können, was es heißt, die allermodernsten Düsenjäger zu fliegen. Dazu dient ein wirklichkeitsgetreu mit komplizierten Steuersystemen und elektronischen Anzeigen ausgestattetes Cockpit. Um die Illusion zu vervollständigen, werden dem Piloten alle optischen und akustischen Eindrücke aus der Wirklichkeit des Luftkampfes vermittelt.

Kernstück des Simulators ist ein Hochleistungs-Computer. Er steuert verschiedene Kameras, die rasante Bilder von Himmel und Erde, Flugzeugen und sogar anfliegenden Lenkraketen auf das als Bildfläche dienende Kuppelinnere projizieren. So entsteht für den Piloten der Eindruck, daß er fliegt. Der Computer reagiert auf jede Steuerbewegung des Piloten mit einer Veränderung des äußeren Bildes. Wenn er in die Kurve geht, verschiebt sich der Horizont, und bei Annäherung an ein Ziel wird dieses immer größer, während der Druck im G-Anzug steigt, so als ob der Pilot tatsächlich starken Beschleunigungskräften ausgesetzt wäre. Wenn er Bord- oder Lenkwaffen abfeuert und einen Treffer erzielt, verschwindet der Gegner.

Anders als reale Übungsflüge, bei denen in der Stunde vielleicht drei Angriffe durchgeführt werden können, läßt der Simulator etwa 30 Anflüge zu. Die Anlage bietet den Piloten darüber hinaus die Möglichkeit, neue Systeme zu erproben, bevor sie in Serie gefertigt und eingebaut werden.

Im Cockpit einer F/A-18 schließt ein Marineflieger zum Formationsflug mit seinem Rottenführer auf, bevor er die Distanz zu einer MiG-21 verkürzt. Beide sind auf die Projektionswand des McDonnell-Douglas-Simulators projiziert. Auf dem Bildschirm ganz links kann der Pilot die Art der Waffen ablesen, die ihm zur Verfügung stehen. Das Zeichen RDY – ready oder feuerbereit – sagt ihm, welche sein Bordcomputer freigegeben hat.

Beim simulierten Angriff auf ein Bodenziel fliegt der Pilot alle Manöver der F/A-18 vor ihm nach und kurvt auf das Ziel ein. Auf dem Bildschirm links ist ein detailliertes Fernsehbild des Zielgebietes zu sehen. Die echte F/A-18 verfügt über ein sogenanntes FLIR – nach vorn gerichtetes Infrarot-System –, das in einem Außenbehälter am Rumpf untergebracht ist und das in der Lage ist, sogar nachts ein Bild zu liefern.

nern hart zu. Am 24. Oktober stimmten alle Seiten einem Waffenstillstand zu. Anwar as-Sadat war mit seinem Jom-Kippur-Wagnis, den Sinai für Ägypten zurückzugewinnen, gescheitert.

Mehr als fünf Jahre vergingen, bis Israel und Ägypten nach zähen Verhandlungen einen formellen Friedensvertrag unterschrieben, der die Rückgabe des Sinai an Ägypten vorsah. Diese sollte jedoch erst 1981, als Ägypten Israel offiziell als souveränen Staat anerkannte, erfolgen. Da die anderen arabischen Staaten Ägyptens Konzessionsbereitschaft nicht teilten, behielt Israel die übrigen Gebiete – das Westufer des Jordan, die Golan-Höhen und den Gaza-Streifen. Die bewaffneten Auseinandersetzungen gingen weiter: Israel gegen Syrien, gegen den Irak und gegen die PLO, zunächst in Jordanien, dann im Libanon.

In den siebziger Jahren wurden waffentechnologische Fortschritte erzielt wie in keinem Jahrzehnt zuvor. Drei Jahre nach dem Jom-Kippur-Krieg hatte sich Sadats Verbitterung über die Überlegenheit der israelischen Phantoms gegenüber den ägyptischen MiG-21 noch immer nicht gelegt. In den israelischen Strahlflugzeugen, sagte er in einem Interview mit der Londoner Tageszeitung *The Times*, „erledigen Computer die ganze Arbeit für den Piloten. Wenn er in den Wirkungsbereich einer Lenkwaffe gerät, geht eine Leuchte an. Wenn ihn irgend jemand von hinten anzugreifen droht, geht eine andere Leuchte an. Er braucht lediglich eine Karte in den Computer zu schieben. Der bringt ihn zu seinem Ziel. Der sagt ihm, wann er die Bombe zu werfen hat. Der bringt ihn zu seinem Flugplatz zurück."

Ganz so einfach hatte es der F-4-Pilot natürlich nicht. Aber im Kern hatte Sadat eine grundlegende Wahrheit des modernen Luftkriegs angesprochen: In Zeiten superschneller Flugzeuge und superpräziser Waffen waren die Piloten auf jede Hilfe angewiesen, die ihnen ihr Flugzeug bieten konnte. Sie sollten sie bekommen, und zwar von einer neuen Generation amerikanischer Strahlkampfflugzeuge, die ihre Vorgänger an Schnelligkeit und Wendigkeit weit in den Schatten stellten – der F-14 Tomcat, der F-15 Eagle und der F-16 Fighting Falcon.

Diese Hochleistungsflugzeuge der siebziger und achtziger Jahre hatten einen gemeinsamen Ursprung, der fast 20 Jahre zurücklag. Dabei handelte es sich um eine Art Übergangsflugzeug, das im Zusammenhang mit der absehbaren Intervention der Amerikaner in Vietnam entwickelt wurde. Das amerikanische Verteidigungsministerium hatte damals Aufträge für ein Allzweckflugzeug vergeben, das in der Lage sein sollte, jeden angreifenden Jet im Luftkampf zu besiegen. Außerdem sollte es Bomben so sicher ins Ziel tragen wie die F-105, dabei aber nur die halbe Startstrecke benötigen. Seine Elektronikausrüstung sollte dem letzten Stand der Technik entsprechen und es ermöglichen, im Tiefflug automatisch bergiges Gelände zu überwinden und ein Ziel auch bei schlechtestem Wetter zu finden. Das Ergebnis war – viereinhalb Jahre später und mit einem Kostenaufwand von einer halben Milliarde Dollar entwickelt – General Dynamics F-111, ein 45-Tonnen-Monster, für das sich schnell der Name Aardvark – Erdferkel – fand. Das Auffälligste an der F-111 waren ihre Schwenkflügel, die beim Start und im Langsamflug ganz nach vorn ausgeschwenkt wurden. Bei hohen Geschwindigkeiten verstellten sich die Flächen nach hinten und bildeten für den Überschallbereich hervorragend geeignete Deltaflügel.

Die F-111 hatte von Anfang an Mängel. Sie war zu schwerfällig für Luftkämpfe und entschieden zu groß und zu schwer für die Flugzeugträger der Marine. Bei den Triebwerken gab es immer wieder plötzliche Leistungsabfälle, und auf das neue Terrainfolgeradar war kein Verlaß. Nach und nach konnten die technischen Mängel behoben werden, und aus der

F-111 wurde ein verhältnismäßig brauchbares Allwetter-Kampfflugzeug. Das Strategische Luftkommando orderte eine Bombervariante, die FB-111, um sie, mit Atombomben bestückt, neben den älteren B–52 einzusetzen. Marine und Luftwaffe aber blieben auf der Suche nach einem neuen Jäger. Die amerikanischen Flugzeughersteller machten sich an die Arbeit und entwickelten auf der Grundlage der Forschungsergebnisse, die die Konstrukteure der F-111 vorgelegt hatten, eigene Entwürfe. Anfang der siebziger Jahre brachten sie die beiden schlagkräftigsten taktischen Kampfflugzeuge der Welt heraus, Maschinen, die als Hauptstütze der amerikanischen Jagdwaffe bis in die neunziger Jahre konzipiert waren.

Die Marine erhielt die Grumman F-14 Tomcat, einen zweistrahligen Zweisitzer mit Schwenkflügeln wie die F-111 und einer Höchstgeschwindigkeit von Mach 2,34 – 2510 Stundenkilometern in 10 500 Meter Höhe. Besondere Beachtung verdienen Konstruktionsweise und Werkstoffe. Ein Viertel der Zelle besteht aus Titan, einem teuren Metall, das die bei hohen Geschwindigkeiten entstehende Reibungshitze besser verträgt als Aluminium und zugleich leichter ist. Weitere Gewichtseinsparungen wurden durch die Verwendung von besonders gehärteten und gepreßten Kunstharzen für große Teile des Höhenleitwerks erzielt.

Die Tomcat ist mit modernen Avioniksystemen ausgerüstet, die dem Piloten im Ernstfall unter Umständen den entscheidenden Vorteil verschaffen. Sämtliche Daten, die er im Luftkampf braucht – Entfernungen zum Ziel und Annäherungsgeschwindigkeit, welche Waffe feuerbereit ist und wie viele Raketen oder Munition er noch zur Verfügung hat –, werden in Augenhöhe auf die Einspiegelungsscheibe eines sogenannten HUD (Head-up Display, Blickfelddarstellungsgerät) projiziert, so daß er nicht auf seine Instrumente hinunterblicken muß. Außer einer sechsläufigen 20-mm-Bordkanone sowie Phoenix- und Sparrow-Lenkwaffen mit Radar-Suchköpfen trägt die F-14 eine verbesserte Version der infrarotgelenkten Sidewinder. Dank der Empfindlichkeit des Suchkopfes, der in der Lage ist, die Reibungswärme eines Feindflugzeuges in der Luft wahrzunehmen und ihr zu folgen, kann sie nicht nur von hinten, sondern aus jedem Winkel abgefeuert werden. Der einzige Fehler der Tomcat bei ihrer Einführung im Jahre 1972 schien ihr Preis zu sein: etwa 17 Millionen Dollar pro Stück.

Am 19. August 1981 kam es zu einem Zwischenfall, bei dem sich die Tomcat nach fast zehnjährigem Einsatz bei der amerikanischen Marine erstmals bewähren mußte. An diesem Tag fingen zwei F-14 des Flugzeugträgers *Nimitz*, der sich im Rahmen einer Übung im Golf von Sidra vor der libyschen Küste aufhielt, zwei Suchoj Su-22 ab. Die in der Sowjetunion gebauten Maschinen wurden von Libyern geflogen, die direkt auf das Schiff zusteuerten. Am Vortag hatten sich bereits 35 ähnliche Zwischenfälle mit verschiedenen Jets der libyschen Luftwaffe ereignet, die jedoch entweder abgedreht oder die Begleitung der F-14 hingenommen hatten, als sie sich dem Träger näherten.

Diesmal kam alles ganz anders. Einer der beiden libyschen Flugzeugführer feuerte aus 300 Meter Entfernung frontal eine Lenkwaffe auf die erste der beiden Tomcats ab. Fregattenkapitän Henry Kleeman, der Pilot, und Leutnant Lawrence Muczynski, der am Steuer der zweiten F-14 saß, wichen durch scharfes Abdrehen nach links aus. Da es amerikanischen Piloten grundsätzlich gestattet ist, im Falle eines Angriffs das Feuer zu erwidern, nahmen die beiden Marineflieger die Verfolgung der Libyer auf. Kleeman hatte seine Sidewinder feuerbereit, konnte sie aber nicht abfeuern, da sein Gegner direkt in die Sonne flog, auf deren Wärmestrahlung der Suchkopf angesprochen hätte. Sobald die Su-22 den Kurs änderte, drückte er auf den Auslöseknopf. Die Sidewinder traf, und der Pilot rettete

Mobilität, Flexibilität und Überraschung

Entgegen der vorherrschenden Tendenz, Düsenjäger für Geschwindigkeiten von Mach 2 auszulegen, statteten die englischen Konstrukteure die Harrier der britischen Luftwaffe mit einer Reisegeschwindigkeit von nur 1100 Stundenkilometer aus. Dessen ungeachtet bestätigt ihre Schöpfung die Behauptung eines erfahrenen Piloten, daß „Mobilität, Flexibilität und Überraschungsmoment heute so wichtig wie eh und je" seien.

Das Pegasus-Triebwerk, um das das kleine Kampfflugzeug entwickelt wurde, verleiht der Harrier ungeahnte Beweglichkeit. Der Pilot kann die Schubstrahlrichtung verändern und nach Bedarf senkrecht steigen, auf der Stelle schweben, vorwärts und rückwärts manövrieren und auf einer Fläche von nur 18 Metern im Durchmesser landen.

Die zahlreichen Vorteile einer solchen Maschine liegen auf der Hand. Für ihren Einsatz erübrigen sich große Flugplätze, die leichte Ziele bilden. Im Ernstfall kann die Harrier, in der Nähe der Front unter Tarnnetzen abgestellt, jederzeit in das Kampfgeschehen eingreifen. Auf See genügen relativ kleine, kostensparende Träger. Und da, wie es ein Harrier-Pilot ausdrückte, es „weit besser ist, erst mal in der Luft stehenzubleiben und dann aufzusetzen, als aufzusetzen und die Kiste dann zum Stehen zu bringen", gibt es bei Starts und Landungen auch weniger Unfälle als mit herkömmlichen Flugzeugen. In der Luft führt die gesteuerte Schubveränderung der Harrier in kritischen Momenten zu überlegener Manövrierfähigkeit. Der Gegner hat kaum eine Chance, wenn die Harrier fast auf der Stelle in eine scharfe Kurve zieht oder abrupt verlangsamt.

Im Spätfrühling 1982, als 38 Harriers und Sea Harriers in den Südatlantik entsandt wurden, um zur Rückeroberung der Falkland-Inseln Luftverteidigung, Aufklärung und Bodenunterstützung zu fliegen, bewies die Harrier, daß sie schnelleren Jägern mehr als gewachsen ist. In Wetterlagen, die herkömmliche Flugzeuge an Deck ihrer Träger festgehalten hätten, schossen britische Harrier-Piloten ohne eigene Verluste 31 argentinische Strahlflugzeuge ab – darunter 19 Überschalljäger des Typs Mirage.

Im Mai 1982 startet eine Sea Harrier von einer skischanzenähnlichen Rampe, die den Start mit größerer Zuladung ermöglicht, mit Kurs auf die Falkland-Inseln.

Die Zeichnungen zeigen anhand von zwei bewährten Luftkampftaktiken, wie ein Harrier-Pilot (blaues Flugzeug) mit Hilfe der Schubvektorsteuerung einen schnelleren, aber weniger beweglichen Gegner ausmanövriert. Am Scheitelpunkt einer hochgezogenen Kurve (oben) drückt der im Rückenflug fliegende Harrier-Pilot sein Flugzeug durch Veränderung der Schubrichtung so abrupt ins Kurveninnere, daß der Gegner überschießt und in seine Schußrichtung gerät. Im steilen Steigflug (rechts) genügt eine leichte Veränderung des Schubstrahls, um mit der Harrier aus dem Rückenflug in einen senkrechten Sturzflug überzugehen. Durch Gegenschub verlangsamt der Pilot den Sturz, bis die feindliche Maschine vor seinen Waffen auftaucht.

Die Schubstrahldüsen des Rolls-Royce-Pegasus-Triebwerks sind wie bei Senkrechtstarts und -landungen nach unten gerichtet. Die Schubrichtung kann um 98 Grad geschwenkt werden, und zwar von 90 Grad nach hinten im Normalflug über senkrecht nach unten bis acht Grad nach vorn zur Verminderung der Fluggeschwindigkeit.

sich mit dem Fallschirm. Im gleichen Moment wie Kleeman feuerte Muczynski eine Sidewinder auf den zweiten Angreifer ab. Die Rakete explodierte im Triebwerksauslaß der Su-22. Der Jet flog auseinander. Ein Fallschirm wurde nicht gesehen.

Das neue Jagdflugzeug der amerikanischen Luftwaffe war die einsitzige McDonnell Douglas F-15 Eagle. Auch sie war aus modernsten Werkstoffen gebaut und mit den fortschrittlichsten Waffensystemen ausgerüstet, hatte aber feste Tragflächen und trug keine Phoenix-Lenkwaffen.

Was die Eagle von ihrem Gegenstück bei der Marine unterschied, war die immense Leistung ihrer Triebwerke. Es handelte sich um zwei kompakte F-100-Mantelstromtriebwerke von Pratt & Whitney, die ein besseres Gewichts-Leistungs-Verhältnis und niedrigere Verbrauchswerte hatten als irgendein anderer Triebwerkstyp. Wenn es in früheren Pilotenberichten geheißen hatte, daß sie ihre Vögel senkrecht hochzogen, so waren das Übertreibungen. Die F-86 beispielsweise stieg im Winkel von etwa 45, die F-4 von circa 70 Grad. Die Eagle aber konnte buchstäblich wie eine Rakete senkrecht steigen und beschleunigte dabei noch auf Überschallgeschwindigkeit. Sie brauchte nur zwei Minuten, um eine Flughöhe von über 18 000 Metern zu erreichen. Gleichzeitig war sie im Tiefstflug wendig genug, um jeden sowjetischen Gegner auszumanövrieren.

Der Stückpreis der F-15 bei Einführung der Maschine im Jahre 1970 hielt sich mit sechseinhalb Millionen Dollar in Grenzen. Aber die Preise explodierten, und die F-15 wurde bald zu teuer, als daß die amerikanische Luftwaffe sämtliche Jagdgeschwader auf Eagle hätte umrüsten können. Die F-16 Fighting Falcon von General Dynamics, die in gewisser Weise ungewöhnlichste Entwicklung überhaupt, paßte genau in die Lücke.

Die F-16 war kompakt (Spannweite: zehn Meter), leicht (Gewicht ohne Treibstoff und Waffenzuladung: 7076 Kilogramm) und erschwinglich (1975 mit etwas mehr als fünf Millionen Dollar geradezu billig). Was die Falcon an elektronischen Feinheiten in bezug auf Avionik- und EloGM-Systeme vermissen ließ, machte sie in anderer Hinsicht mehr als wett.

Im Gegensatz zu den meisten Strahlflugzeugen, bei denen die Steuerausschläge des Piloten – wie bei einem Auto mit Servolenkung – hydraulisch auf Seiten-, Höhen- und Querruder übertragen werden, hatte die F-16 eine elektronische Steuerung. Computer erfaßten die geringsten Ruderdrücke des Piloten und setzten sie umgehend in Steuersignale – Kurven, Steigen oder Sinken – um. Das elektronische oder Fly-by-wire-System reagierte präziser und war ausfallsicherer als jedes hydraulische System, da es bei direktem Beschuß oder durch die Druckwellen von in der Nähe explodierenden Raketen weniger leicht unterbrochen wurde. Mit ihrer Manövrierfähigkeit konnte die Falcon jedes andere moderne Strahlflugzeug, auch die letzten Muster der sowjetischen MiG-Generation, auskurven. Im Einsatz als Erdkampf- und Tiefangriffsflugzeug trug die Falcon außerdem eine Bombenlast in Höhe ihres eigenen Gewichts.

In früheren Zeiten hatten es die Vereinigten Staaten meist abgelehnt, ihre modernsten Jagdflugzeuge ins Ausland zu verkaufen; in den siebziger Jahren trat ein Wandel ein. Exporte bedeuteten höhere Produktionsziffern und damit geringere Stückkosten. Zu den ersten Abnehmern zählten die Israelis, die 48 Eagles und 75 Falcons bestellten.

Mittlerweile hatten Ägypten und Syrien längst begonnen, ihre Luftwaffen zu modernisieren, indem sie kleinere Verbände auf die neuesten Flugzeuge aus der Sowjetunion umrüsteten. Als Ergänzung zum wetterabhängigen Jäger MiG-21 hatten die Russen die MiG-23 entwickelt, einen Allwetter-Abfangjäger mit Schwenkflügeln, der Mach 2 leistete. Dazu kam die MiG-27, eine etwas langsamere Erdangriffsversion desselben Typs.

Nach dem Jom-Kippur-Krieg blieb der Nahe Osten jahrelang von bewaffneten Auseinandersetzungen ähnlichen Ausmaßes verschont, aber von Frieden konnte keine Rede sein. In den Mittelpunkt der Spannungen war der Libanon gerückt, wo sich moslemische und christliche Bevölkerungsteile in einem immer wieder aufflammenden Bürgerkrieg bekämpften und wo die PLO die Freiheit besaß, wie ein Staat im Staate zu operieren und sogar eigene Truppen zu unterhalten.

Im Jahre 1976 ließ Syrien unter dem Vorwand, die Ordnung wieder herzustellen, 20 000 Soldaten in die Täler östlich von Beirut einmarschieren. Die Palästinenser nutzten das allgemeine Chaos, um ihre Terrorüberfälle in Israel zu verstärken und aus Artilleriestellungen in der Nähe der Grenze das Feuer zu eröffnen.

Die Israelis antworteten mit Bomben- und Bordwaffenangriffen auf PLO-Stellungen. Die syrischen MiGs ließen sich selten blicken. Doch wenn sie auftauchten, kam es gelegentlich zu heftigen Luftkämpfen. So auch am 27. Juni 1979, als die F-15 Eagle erstmals einen Gegner besiegte. Sechs Eagles und zwei Kfirs – in französischer Lizenz in Israel gebaute und verbesserte Versionen der Mirage V mit amerikanischem Triebwerk – sahen sich mehr als acht syrischen MiG-19 gegenüber. Nach israelischen Angaben dauerte es knapp fünf Minuten, bis fünf MiGs verstreut in der Landschaft lagen; der Rest entkam, mindestens zwei mit schweren Beschädigungen. Die Israelis meldeten keine Verluste.

Zwei Jahre später lieferten die Israelis 800 Kilometer weiter östlich im Irak einen noch klareren Beweis für die Leistungsfähigkeit der F-15 – und die Fähigkeit ihrer Piloten, sie zur Geltung zu bringen.

Etwa 20 Kilometer südwestlich von Bagdad arbeiteten die Iraker an der Fertigstellung eines Atomreaktors, der erklärtermaßen Forschungen zur friedlichen Nutzung der Atomenergie dienen sollte. Aber die Israelis glaubten weder den Versicherungen der Franzosen, die die Anlage geliefert hatten, noch an die Wirksamkeit von Überraschungsbesuchen der UNO-Kontrollinstanz, der Internationalen Atomenergieorganisation. Statt dessen befürchteten die Israelis das Schlimmste: Es handelte sich um einen Typ Reaktor, in dem als Nebenprodukt genau die zur Herstellung von Atombomben benötigte Art Uran anfiel. Die Israelis waren entschlossen, nicht untätig zuzusehen, wie sich einer ihrer unversöhnlichsten Feinde die Möglichkeit verschaffte, eine solche Waffe zu entwickeln.

Ein Angriff aus der Luft war die einzige praktikable Gegenmaßnahme. An entsprechenden Plänen war monatelang gearbeitet worden. In der Wüste hatte die israelische Luftwaffe beispielsweise ein realitätsgetreues Modell des Reaktorkomplexes anlegen lassen, auf das Bombenanflüge geübt wurden. Im Frühjahr 1981 fühlten sich die Israelis in der Lage, die Aktion durchzuführen. Die Inbetriebnahme des Reaktors stand in wenigen Wochen zu erwarten. Danach war es für einen Bombenangriff zu spät.

Am Sonntag, den 7. Juni 1981, um 16.40 Uhr starteten auf dem Luftstützpunkt Etzion im Sinai sechs mit Lenkraketen bewaffnete F-15 und flogen nach Osten. Sie sollten den Hauptangriffsverband aus der Höhe abschirmen, falls die Iraker einen Teil ihrer 80 MiG-23-Abfangjäger alarmierten. Ihnen folgten in kurzem Abstand acht F-16 Falcons. Die führende Falcon trug zwei bildschirmgelenkte Bomben; fünf andere hatten je zwei herkömmliche 1000-Kilo-Sprengbomben mit Zeitzündern an Bord. Die restlichen zwei trugen keine Bomben, sondern Kameras.

Im Zickzackflug ging es über saudi-arabischem Gebiet unweit der jordanischen Grenze nach Osten. Die F-16, die tief und ständig hin und her flogen, blieben vom arabischen Radar unbemerkt. Die höher fliegenden F-15 hingegen fielen einem Radarbeobachter in Süd-Jordanien auf. Die

Auf die Scheibe des Blickfelddarstellungsgeräts projiziert der Computer eine sichere Route durch das gegnerische Luftabwehrsystem. Hier wird ein Düsenjäger von zwei SAM-Stellungen bedroht. Das System in der gelben Zone hat die Maschine noch nicht erfaßt und stellt eine geringere Gefahr dar als die SAM-Batterie in der roten Zone, die ihr Feuerleitsystem auf das Flugzeug, dargestellt durch den Kreis in der Mitte, aufgeschaltet hat und es abschießen könnte, wenn es den Kurs beibehält. Der Fluchtweg, den der Computer errechnet hat, führt den Piloten im Tiefflug knapp über dem schachbrettartig gemusterten Boden zwischen zwei numerierten Wendepunkten hindurch sicher an beiden Seiten vorbei.

Ein Cockpit der Zukunft

Im Düsenjäger der Zukunft werden die Piloten mehr denn je auf die Hilfe computergesteuerter Displays zurückgreifen. Ein leichter Druck auf einen Knopf wird reichen, um sämtliche wichtigen Parameter auf Fernsehschirme sowie ein Blickfelddarstellungsgerät übertragen zu lassen – Geschwindigkeit und Kurs, Triebwerksdrehzahl, Abgastemperatur, Treibstoffmenge. Im Falle eines technischen Fehlers oder eines Systemausfalls wird eine Warnanzeige erscheinen, die Vorrang vor allen anderen Funktionen hat. Anzeige- und Meßgeräte, wie sie heute noch dichtgedrängt in den Cockpits zu sehen sind, werden weitgehend verschwinden.

Im Einsatz werden die Piloten die Möglichkeit haben, sich mit Hilfe verschiedener Geräte – darunter Radar, Restlichtaufheller-Fernsehsysteme und Infrarotsensoren – selbst bei Dunkelheit ein klares Bild des Zieles zu verschaffen *(unten)*. Wenn die Situation es erfordert, wird der Computer die über die gegnerische Luftabwehr gesammelten Informationen auswerten und einen Weg in die Sicherheit berechnen, den er auf das Blickfelddarstellungsgerät überträgt *(links)*.

Im Cockpit der Zukunft wird der Pilot fünf Bildschirme mit verschiedenen Darstellungen vor sich haben. Rechts sieht er das anvisierte Ziel, eine Brücke, die durch ein Zielkreuz gekennzeichnet ist. Auf dem mittleren Bildschirm erscheint die Brücke noch einmal vergrößert. Das Bild wird von einer kleinen Fernsehkamera übertragen, die sich im Suchkopf einer „intelligenten" Lenkrakete befindet. Es handelt sich um die auf dem linken Bildschirm grün dargestellte Rakete, die, wie an den Buchstaben RDY – ready – erkennbar, bereits feuerbereit ist. Die Karte auf dem Bildschirm unten zeigt die Abflugstrecke, derzufolge das Flugzeug nach Abfeuern der Rakete automatisch nach rechts wegdrehen wird.

Israelis hatten sich auf eine derartige Komplikation vorbereitet: Von der jordanischen Radarkontrolle angerufen, antwortete der Schwarmführer in perfektem Arabisch. Es gelang ihm, den Eindruck zu erwecken, daß er zu einer jordanischen Luftüberwachung gehörte.

Um 17.30 Uhr sahen die Israelis die Reaktorkuppel aus der Wüste aufragen. Der führende Falcon-Pilot zielte seine fernsehgelenkten Bomben auf einen vorberechneten Punkt der Kuppel und hinterließ große, gezackte Löcher in dem dicken Betongewölbe. Eine nach der anderen flogen die übrigen Maschinen an. Es spricht für die Treffsicherheit der Piloten, daß ihre Bomben präzise durch die in der Kuppel klaffenden Löcher ins Innere fielen, wo sie Sekunden später explodierten. Mit ohrenbetäubendem Krachen stürzte die Kuppel ein und begrub das Herz des Reaktors unter einem Hunderte von Tonnen schweren Trümmerhaufen. Ein französischer Techniker, der als einziger an diesem Sonntag auf dem Gelände arbeitete, kam ums Leben. Israels Chef der Luftwaffe, Generalmajor David Ivri, erklärte sich mit dem Erfolg des Angriffs voll zufrieden. „Während der ganzen Operation gab es nicht einen Zwischenfall, den wir nicht vorhergesehen hatten", sagte er. „Es war nur Routine."

Dagegen war die Empörung in aller Welt groß. Die Israelis, so meinten sogar ihre Freunde, hätten ihre Grenzen in schamloser Weise überschritten. „Ich bin bestürzt", sagte der französische Außenminister Claude Cheysson. „Wir glauben nicht, daß eine solche Aktion zum Frieden in der Region beiträgt."Großbritanniens freimütige Premierministerin Margaret Thatcher nannte den Angriff „einen schweren Verstoß gegen internationales Recht". Und der amerikanische Präsident Ronald Reagan verfügte die Aussetzung der nächsten F-16-Lieferung an die Israelis.

Die Auseinandersetzungen gingen weiter. Im April 1981 waren die Israelis mit ihren Jets über die Bekaa-Ebene östlich von Beirut hinweggedonnert, wo sich syrische „Friedenstruppen" und mit Israel verbündete Christliche Milizen heftige Nahgefechte lieferten. Die Israelis schossen zwei syrische Hubschrauber ab. Die Syrer antworteten mit der Stationierung von SAM-6-Startern. In Israel selbst verübten PLO-Soldaten fast jeden zweiten Tag Überfälle. Nach 130 derartigen Angriffen in neun Monaten marschierte Israel mit 60 000 Soldaten und 500 Panzern in den Libanon ein, um die PLO zu vertreiben. Von F-4, Kfirs, F-15 und F-16 geflogene Luftangriffe bereiteten den Vorstoß über die Grenze vor.

Seit ihrer letzten Begegnung mit den SAM-6-Raketen hatten die Israelis ein Mittel gefunden, sie zu überlisten. Sie schickten Drohnen – unbemannte Flugkörper – mit Fernsehkameras und Bandaufzeichnungsgeräten voraus, um die Starter zu lokalisieren und ihre Radarfrequenzen abzuhören. Danach konnte die Angriffsflotte, die EloGM-Systeme auf die entsprechenden Störfrequenzen eingestellt, unbehelligt Angriffe durchführen.

Am Nachmittag des 9. Juni jagte ein Verband von insgesamt 90 Eagles, Falcons und Kfirs über die Bekaa-Ebene hinweg und griff die Starter an. Syrische MiGs, die zur Verteidigung der Raketenstellungen aufstiegen, versagten kläglich. Ein israelisches Frühwarnflugzeug vom Typ E-2C Hawkeye, kleiner als die AWACS *(S. 140–143)*, aber mit weitgehend den gleichen Funktionen ausgerüstet, arbeitete als fliegende Kommandozentrale und ortete die MiGs schon, als sie starteten. Auf diese Weise konnten sie leicht abgefangen werden. Am Ende des Tages lag von den 60 syrischen Kampfflugzeugen, die die Israelis hatten abwehren sollen, fast die Hälfte zerstört am Boden. Die israelischen Piloten hatten ohne eigene Verluste 60 der in der Ebene stationierten SAM-6-Starter vernichtet. Zwei Tage gingen die Luftkämpfe mit unverminderter Heftigkeit weiter, obwohl kaum noch eine gefechtsbereite Raketenstellung in der Bekaa-Ebene existierte. In dem vergeblichen Bemühen, Israel die Stirn zu bieten, opferte Syrien noch einmal 50 Flugzeuge. Bei abnehmender Kampftätigkeit in der Luft stiegen die Verluste der Syrer in den Wochen darauf auf insgesamt 85 Maschinen. Kein einziger syrischer Pilot hatte einen Abschuß erzielt.

Das nächste Ziel der Kampfflugzeuge war Beirut. Im Laufe der Jahre hatte die PLO im moslemischen Westteil der Stadt, wo sich ihr Hauptquartier befand, gewaltige Mengen Waffen und Munition gelagert. Luftangriffe ließen vermutete PLO-Gebäude in Schutt und Asche sinken. Und wieder schien es, als gingen Israels Aktionen über das Maß der angemessenen Vergeltung hinaus. In den getroffenen Häusern befanden sich oft Menschen, die nichts mit der PLO zu tun hatten. Außerdem kam es vor, daß die Bomben ihr Ziel verfehlten und in umliegende Wohnhäuser, einmal sogar in ein Krankenhaus, einschlugen.

Mit diplomatischer Hilfe der Vereinigten Staaten gelang es Israel, die PLO zum Abzug aus Beirut und zur Zerstreuung auf verschiedene Staaten der arabischen Welt zu zwingen. Doch die Chancen für einen Frieden zwischen Israel und seinen Gegnern schienen so gering wie eh und je.

Für keine Luftwaffe der Welt ist auszuschließen, daß sie eines Tages zur Verteidigung ihres Landes gegen einen Aggressor herangezogen wird. Somit kann man mit Sicherheit vorhersagen, daß zukünftige Strahlkampfflugzeuge den heutigen gegenüber gewaltige Verbesserungen aufweisen werden. Schon jetzt erprobt die amerikanische Luftwaffe eine modifizierte Version der F-16 Falcon, die an der Rumpfunterseite zwei schräg nach unten gerichtete Steuerflächen hat. Mit Hilfe dieser Flächen kann die F-16 abrupt seitwärts ausweichen, wenn sie von einer Rakete bedroht oder von einem gegnerischen Piloten ins Visier genommen wird. Ein neuer Tragflügel, der in etwa einem Deltaflügel ähnelt, ist im Gespräch. Er würde bei der F-16 die Startstrecke verkürzen, die Treibstoffkapazität erhöhen und die Tieffluggeschwindigkeit um rund 150 Stundenkilometer steigern.

In absehbarer Zukunft dürften die festen Verbundwerkstoffe, die im Zellenbau verwendet werden, negativ anstelle positiv gepfeilter Flächen möglich machen; das würde eine Steigerung der Stabilität im Langsamflug bedeuten. Flugzeuge der sogenannten Stealth- oder Tarntechnologie werden die Radarerfassung erschweren: Die gleichen Werkstoffe, zu kompletten Bauteilen geformt und mit Spezialanstrichen versehen, werden den Radarstrahlen weniger Rückstrahlfläche bieten.

Verbesserungen im Cockpit sollen es dem Piloten ermöglichen, sich uneingeschränkt auf seine Einsatzaufgaben und das frühzeitige Erkennen von Gefahren zu konzentrieren. Ein Computer wird das Flugzeug steuern, ganz wie Anwar as-Sadat 1976 so bedauernd feststellte. Neue Head-up Displays *(S. 148–149)* werden die Blickfelddarstellungsgeräte der frühen achtziger Jahre veraltet erscheinen lassen. Möglicherweise wird der Pilot sogar zu seinem Flugzeug sprechen können. Zur Zeit finden Experimente mit dem Ziel statt, einem Düsenjäger „beizubringen", einfache gesprochene Befehle zu erkennen und auszuführen.

Alle diese Fortschritte stellen jedoch nur Hilfen für denjenigen dar, der auch weiter im Mittelpunkt des Luftkampfes stehen wird – den geschickten, beherzten Piloten, der sein Flugzeug durch einen gegnerischen Luftraum steuert. Auch in Zukunft wird er sich rotglühender Flakgeschosse, die die Luft durchschneiden, und Lenkraketen, die, auf der Suche nach ihren Opfern, wirre Rauchspuren über den Himmel ziehen, zu erwehren haben. Und jederzeit kann im Kopfhörer die dringende Warnung eines Rottenfliegers ertönen: „Nach rechts wegziehen, Nummer Eins, nach rechts wegziehen! Indianer in 6-Uhr-Position!"

Kampfflugzeuge von heute und morgen

In den siebziger Jahren wurde bei der Konstruktion von Düsenjägern verstärkt Wert auf Vielseitigkeit gelegt. Die Erfahrungen in Vietnam und Nahost bestätigten die Forderung nach Flugzeugen, die sowohl taktische als auch strategische Aufgaben erfüllen können. Die notwendig gewordene Neuorientierung und die ständig steigenden Kosten neuer Waffensysteme führten dazu, daß die herkömmliche Unterscheidung zwischen Jägern und Jagdbombern immer mehr an Gültigkeit verlor. So kam es, daß mit Ausnahme der MiG-25 *(oben)* und der Fairchild A-10 *(S. 168)* alle im folgenden abgebildeten Maschinen von Anfang an als Mehrzweck-Kampfflugzeuge konzipiert wurden.

Der Forderung nach Vielseitigkeit wurden die Konstrukteure durch eine Reihe überraschender technischer Neuerungen gerecht. Bei der Saab Viggen *(rechts)* sorgten Entenflügel vor den Haupttragflächen für bessere Langsamflugeigenschaften. Das gleiche erreichte man bei der Grumman F-14 und der MiG-23 mit Schwenkflügeln. Integrierte elektronische Flugsteuerungen und die Verwendung von gewichtsparenden Kohlefaser-Verbundwerkstoffen trugen zu der unvergleichlichen Wendigkeit der amerikanischen F-16 und der französischen Mirage 2000 bei. Die Yak-36 wiederum ist dank ihrer drei Triebwerke in der Lage, auf kleinen Trägern und Schiffen zu starten und zu landen. Flugzeuge auf gegenüberliegenden Seiten sind im richtigen Größenverhältnis zueinander dargestellt; das Jahr der Inbetriebnahme steht in Klammern hinter der Typenbezeichnung.

MIKOJAN/GUREWITSCH MIG-25P (1970)
Der schwere, zweistrahlige sowjetische Abfangjäger mit der Nato-Bezeichnung „Foxbat-A“ galt eine Zeitlang als wesentlich moderner als alle verfügbaren Kampfflugzeuge des Westens. Tatsächlich jedoch ist die MiG-25, die eine Spitzengeschwindigkeit von stolzen 3380 Stundenkilometern hat, wesentlich weniger wendig als die amerikanische F-15 Eagle, der sie auch an Reichweite unterlegen ist. Die hier abgebildete Maschine trägt die Markierungen der sowjetischen Landesluftverteidigung und ist mit vier Luft-Luft-Raketen des Typs AA-6 „Acrid“ bewaffnet.

SAAB JA37 VIGGEN (1971)
Der wendige Mach-2-Jäger, der in drei Versionen als Luftüberlegenheitsjäger, als taktisches Kampfflugzeug und als Aufklärer gebaut wird, kann auf kurzen Startpisten oder geraden Autobahnstrekken starten. Die abgebildete Abfangjäger-Version trägt den braun-grünen Tarnanstrich der schwedischen Luftwaffe und ist mit je zwei Sky-Flash- und Sidewinder-Raketen bewaffnet.

GRUMMAN F-14A TOMCAT (1972)
Der zweisitzige, trägergestützte Jäger, eines der besten Kampfflugzeuge der Welt, hat computergesteuerte Schwenkflügel und ein hypermodernes Radarsystem, das bis auf eine Entfernung von 160 Kilometern 24 Ziele gleichzeitig erfassen und sechs von ihnen bekämpfen kann. Die abgebildete F-14, die mit einer mehrläufigen 20-mm-Kanone und mehreren Luft-Luft-Raketen der Typen Sparrow, Sidewinder und Phoenix an Außenstationen bewaffnet ist, ist eine Maschine der 41. Jagdstaffel der amerikanischen Marine.

MIKOJAN/GUREWITSCH MIG-23S (1973)
Der einsitzige sowjetische Allwetter-Abfangjäger mit der Nato-Bezeichnung „Flogger-B" hat Schwenkflügel wie die F-14 und ein Avioniksystem, das dem der früheren F-4-Muster vergleichbar ist. Ein 11 500-Kilopond-Schub leistendes Mantelstromtriebwerk mit Nachbrenner beschleunigt die Maschine, die einen Aktionsradius von über 1000 Kilometern hat, auf eine Spitzengeschwindigkeit von 2300 Stundenkilometern. Die abgebildete MiG ist mit einer 23-mm-Kanone und vier Luft-Luft-Raketen bewaffnet.

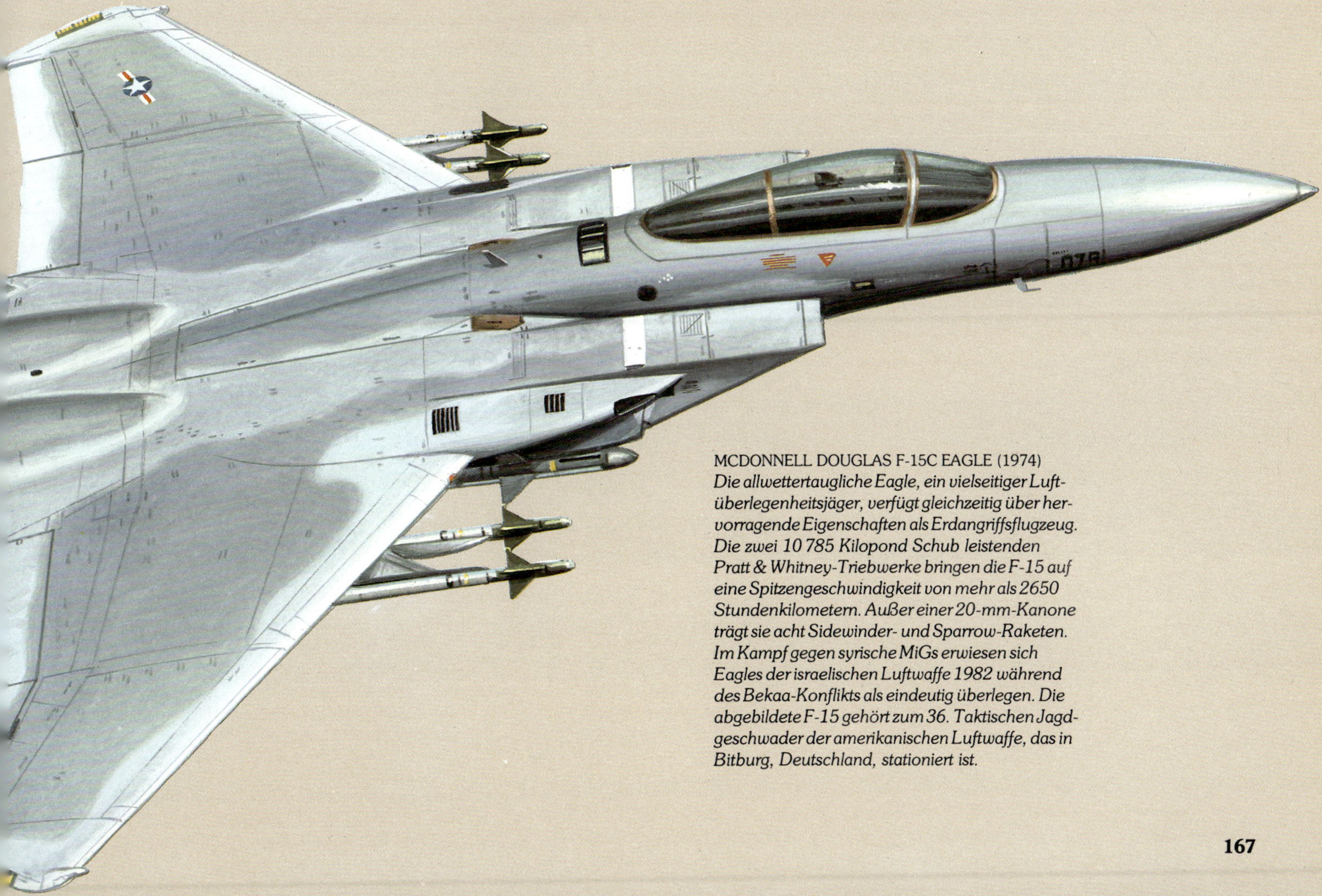

MCDONNELL DOUGLAS F-15C EAGLE (1974)
Die allwettertaugliche Eagle, ein vielseitiger Luftüberlegenheitsjäger, verfügt gleichzeitig über hervorragende Eigenschaften als Erdangriffsflugzeug. Die zwei 10 785 Kilopond Schub leistenden Pratt & Whitney-Triebwerke bringen die F-15 auf eine Spitzengeschwindigkeit von mehr als 2650 Stundenkilometern. Außer einer 20-mm-Kanone trägt sie acht Sidewinder- und Sparrow-Raketen. Im Kampf gegen syrische MiGs erwiesen sich Eagles der israelischen Luftwaffe 1982 während des Bekaa-Konflikts als eindeutig überlegen. Die abgebildete F-15 gehört zum 36. Taktischen Jagdgeschwader der amerikanischen Luftwaffe, das in Bitburg, Deutschland, stationiert ist.

FAIRCHILD-REPUBLIC A-10 THUNDERBOLT II (1976)
Die A-10 hat einen besonders stark gepanzerten Rumpf, in dessen Bug eine panzerbrechende 30-mm-Schnellfeuerkanone, das schwerste Geschütz, das je als Bordwaffe Verwendung fand, eingebaut ist. Die beiden 4120 Kilopond Schub leistenden Mantelstromtriebwerke sind an Pylonen über dem Heck angebracht und so gegen Beschuß vom Boden geschützt. Die Spitzengeschwindigkeit der A-10 beträgt knapp 900 Stundenkilometer, ihre maximale Waffenlast an Außenstationen 7250 Kilogramm. Die Maschine mit Haifischmaul gehört zum 23. Taktischen Jagdgeschwader der amerikanischen Luftwaffe.

YAKOWLEW YAK-36 (1975)
Die Yak-36 mit der Nato-Bezeichnung „Forger-A“ ist ein schiffgestütztes Mehrzweck-Kampfflugzeug, das vertikal starten und landen kann. Diese Fähigkeit beruht – anders als bei der einstrahligen Harrier aus Großbritannien – nur zum Teil auf Schubumkehrsteuerung. Zwei vorn liegende Triebwerke von je 3650 Kilopond Schub mit nach unten gerichteter Düse werden ergänzt durch ein Hecktriebwerk, das etwa 8000 Kilopond Schub erzeugt und zwei verstellbare Düsen hat. Es hebt bei Senkrechtstarts und -landungen das Heck und liefert im Geradeausflug den Vortrieb.

DASSAULT-BREGUET SUPER ETENDARD (1978)
Das in Frankreich gebaute Kampfflugzeug zog 1982 weltweite Beachtung auf sich, als eine Super Etendard der argentinischen Marine vor den Falkland-Inseln einen britischen Zerstörer versenkte. Mit einem 5120 Kilopond Schub erzeugenden Triebwerk ausgerüstet, hat die Maschine eine Spitzengeschwindigkeit von über 1200 Stundenkilometern und eine Aktionsweite von rund 2000 Kilometern. Die abgebildete Super Etendard der französischen Aéronavale (Marine-Luftstreitkräfte) trägt Anti-Schiffs-Raketen des Typs Exocet, wie sie im Falkland-Konflikt zum Einsatz kamen.

DASSAULT-BREGUET MIRAGE 2000 (1982)
Der Deltaflügler Mirage 2000 entstand im Rahmen eines von der Regierung unterstützten Programms, das darauf abzielte, modernste technologische Entwicklungen in die Konstruktion von Jagdflugzeugen einzubringen. Eine vollintegrierte elektronische Flugsteuerung verleiht der Maschine, die ein Triebwerk von 9000 Kilopond Schub und eine Spitzengeschwindigkeit von etwa 2500 Stundenkilometern hat, außerordentliche Manövrierfähigkeit. Die abgebildete Maschine, die mit einer 30-mm-Zwillingskanone und vier Luft-Luft-Raketen ausgerüstet ist, ist der vierte Prototyp.

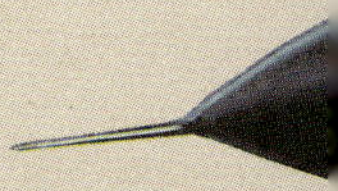

GENERAL DYNAMICS F-16A FIGHTING FALCON
Die Falcon, die ursprünglich als ein kleinerer, billigerer Jäger in Ergänzung zur F-15 gedacht w machte sich wegen ihrer hervorragenden Flugeigenschaften schnell einen Namen. Sie hat eine Spitzengeschwindigkeit von 2120 Stundenkilometern und ist mit einer 20-mm-Kanone sowie Sidewinder-Raketen bewaffnet. Die abgebildete Maschine gehört zum 388. Taktischen Jagdgeschwader der amerikanischen Luftwaffe.

PANAVIA TORNADO IDS (1982)
Das allwettertaugliche, mit Schwenkflügeln ausgestattete Mehrzweck-Kampfflugzeug Tornado, ein britisch-deutsch-italienisches Gemeinschaftsprojekt, hat zwei Triebwerke von je 6800 Kilopond Schub und eine Spitzengeschwindigkeit von mehr als 2200 Stundenkilometern. Die Bewaffnung besteht aus zwei 27-mm-Kanonen und bis zu 8200 Kilogramm Bomben und Raketen. Für die britische Luftwaffe wird eine Abfangjäger-Version gebaut. Die abgebildete Maschine trägt die Balkenkreuze der deutschen Luftwaffe.

Danksagungen

Das Register dieses Buches wurde von Gale Linck Partoyan erstellt. Für ihre wertvolle Hilfe bei der Vorbereitung dieses Buches gilt der Dank der Redaktion: **In Ägypten:** Kairo – Oberstleutnant Sherif Mohammed Arab, Oberstleutnant Mohammed Dia el-Hefnawy, Ägyptische Luftwaffe. **In der Bundesrepublik Deutschland:** Babenhausen – Heinz J. Nowarra; Berlin – Wolfgang Streubel, Ullstein Bilderdienst; Bonn – General a.D. Adolf Galland; Koblenz – Meinrad Nilges, Bundesarchiv; Königsbrunn/Augsburg – Hanfried Schliephake; Mainz-Finthen – Karl Ries; München – Hans Ebert, Messerschmitt-Bölkow-Blohm; Walter Zucker, Deutsches Museum. **In der Deutschen Demokratischen Republik:** Berlin – Hannes Quaschinsky, ADN-Zentralbild. **In Frankreich:** Ivry-sur-Seine – Georges Roland, E.C. P. Armées; Le Bourget – Georges Delaleau, Yvan Kayser, General Pierre Lissarague, Direktor, Stéphane Nicolaou, General Roger de Ruffray, Stellvertretender Direktor, Oberst Pierre Willefert, Kurator, Musée de l'Air; Paris – Avions Marcel Dassault; Michel Bénichou, *Le Fanatique de l'Aviation;* Paul Lengellé; Saint-Sever-sur-Adour – Jean-Jacques Petit; Toulouse – Patrick Laureau. **In Großbritannien:** Bath – P. T. Barnard, Military Gallery; Bristol – Ernest Brook, Rolls-Royce Ltd.; Gloucester – Derek James; London – Denis Bateman, Air Historical Branch, Ministry of Defence; Yvonne Bonham, Guild of Aviation Artists; Matthew Nathan; Reginald Mack, Richard Simpson, RAF Museum; Bruce Robertson; John Bagley, Andrew Namum, Science Museum; Alan Williams, Imperial War Museum; Marjorie Willis, BBC Hulton Picture Library. **In Israel:** Israelische Luftwaffe; Tel Aviv – Brigadegeneral d. R. A. Yalo Shavit. **In der Sowjetunion:** Moskau – Sowjetisches Amt für Copyrights. **In den Vereinigten Staaten:** Alabama – Oberstleutnant John F. Guilmartin Jr., Herausgeber, Major Earl H. Tilford Jr., Stellvertretender Herausgeber, *Air University Review,* Maxwell Air Force Base; Washington, D.C. – Hauptmann M. Susan Cober, Historikerin, Office of Air Force History, Bolling Air Force Base; Julie Gustafson, Geschichtsforscherin, Air Force Depository, Bolling Air Force Base; Alice Price, Art Museum Branch, Pentagon; G. Wesley Pryce, Historiker, Naval Historical Center, Washington Navy Yard; Edmund T. Wooldridge, Kurator, Department of Aeronautics, National Air and Space Museum; Missouri – E. Gene Adam, MDC Fellow, Leiter des Stabes für Advanced Crew Systems, McDonnell Douglas Corporation; Jeffrey L. Fister, Mitarbeiter des Stabes für External Relations, Larry Ross, Leiter der Abteilung Flight Simulation, McDonnell Douglas Corporation; Nebraska – Hauptmann Tom Hall, Hauptquartier, SAC/PAM, Offutt Air Force Base; New York – Russell Burrows, Larry Burrows Collection; Virginia – Virginia Bader; Jay A. Erwin, Leiter der Abteilung Weapons Training Division, Naval Air Systems Command; Joe Pica, Boeing Company; Oberstleutnant Eric Solander, Leiter der Magazines and Books Division, Department of the Air Force.

Bibliographie

Bonds, Ray (Hrsg.): *The Vietnam War: The Illustrated History of the Conflict in Southeast Asia.* Crown, 1979

Boyne, Walter J.: *Boeing B-52: A Documentary History.* Jane's, London 1981
Messerschmitt Me 262: Arrow to the Future. Smithsonian Institution Press, 1980

Boyne, Walter J., und Lopez, Donald S.: *The Jet Age: Forty Years of Jet Aviation.* National Air and Space Museum, Smithsonian Institution, 1979

Churchill, Randolph S. und Winston S.: *The Six Day War.* Houghton Mifflin, 1967

Davis, Larry: *MIG Alley.* Squadron/Signal, 1978

Dupuy, Colonel Trevor N.: *Elusive Victory: The Arab-Israeli Wars, 1947–1974.* Harper & Row, 1978.

Eshel, Lt. Col. David: *The Israeli Air Force: Born in Battle.* Dramit, Israel 1978

Ethell, Jeffrey, und Price, Alfred: *The German Jets in Combat.* Jane's, London 1979

Ethell, Jeffrey L.: *Messerschmitt „Komet". Entwicklung und Einsatz des ersten Raketenjägers.* Buch und Verlagshaus Paul Pietsch, Stuttgart 1980

Futrell, Robert Frank: *The United States Air Force in Korea 1950–1953.* Duell, Sloan and Pearce, 1961

Galland, Adolf: *Die Ersten und die Letzten. Die Jagdflieger im Zweiten Weltkrieg.* Franz Schneekluth Verlag, München 1978

Green, William: *Flugzeuge der Welt, heute – morgen.* Claassen-Verlag, Düsseldorf 1982

Gunston, Bill: *Die Bomber des Westens.* Buch und Verlagshaus Paul Pietsch, Stuttgart 1977
Kampfflugzeuge. Technik und Einsatz der Kampfflugzeuge vom 1. Weltkrieg bis heute. Andreas & Andreas, Salzburg-Mayrwies 1977

Herzog, Chaim: *The Arab-Israeli Wars: War and Peace in the Middle East.* Random House, 1982

Higham, Robin, und Kipp, Jacob W. (Hrsg.): *Soviet Aviation and Air Power: A Historical View.* Westview Press, 1978

Hopkins, J. C.: *The Development of Strategic Air Command 1946–1981: A Chronological History.* Office of the Historian, Strategic Air Command, 1982

Jackson, Robert: *Air War over Korea.* Charles Scribner's Sons, 1973
The Jet Age: True Tales of the Air since 1945. St. Martin's Press, 1980
Die Israeli Air Force Story 1948–1971. Der Kampf um die Luftherrschaft im Mittleren Osten 1948–1971. Verlagshaus Paul Pietsch, Stuttgart 1971

Le May, General Curtis E., in Zusammenarbeit mit McKinlay Kantor: *Mission with LeMay: My Story.* Doubleday, 1965

Lewy, Guenter: *America in Vietnam.* Oxford University Press, New York 1978

MacLeish, Roderick: *The Sun Stood Still.* Atheneum, 1967

Mason Jr., Herbert M.: *Die Luftwaffe. Aufbau, Aufstieg und Scheitern im Sieg.* Paul Neff Verlag, Wien 1976

Mersky, Peter B., und Polmar, Norman: *The Naval Air War in Vietnam.* The Nautical and Aviation Publishing Company of America, 1981

Moss, Norman: *Men Who Play God: The Story of the H-Bomb and How the World Came to Live with It.* Harper & Row, 1968

O'Ballance, Edgar: *No Victor, No Vanquished: The Yom Kippur War.* Presidio Press, 1978

Polmar, Norman (Hrsg.): *Strategic Air Command: People, Aircraft, and Missiles.* The Nautical and Aviation Publishing Company of America. 1979

Rubenstein, Murray, und Goldman, Richard: *Shield of David: An Illustrated History of the Israeli Air Force.* Prentice-Hall, 1978

Scutts, J.C.: *F-105 Thunderchief.* Charles Scribner's Sons, 1981

Smith, J. R., und Kay, Antony L.: *German Aircraft of the Second World War.* Putnam, 1972

Stevenson, James Perry: *Grumman F-14 „Tomcat".* Aero Publishers, 1975

Szulc, Tad: *The Bombs of Palomares.* Viking, 1967

Taylor, John W., und Swanborough, Gordon: *Vom weißen bis zum roten Stern. Die Militärflugzeuge der Welt.* Buch und Verlagshaus Paul Pietsch, Stuttgart 1972

Wagner, Ray: *The North American Sabre.* Doubleday, 1963

White, William L.: *The Little Toy Dog: The Story of the Two RB-47 Flyers, Captain John R. McKone and Captain Freeman B. Olmstead.* E.P. Dutton, 1962

Quellennachweis der Abbildungen

Die Nachweise sind bei Abbildungen von links nach rechts durch Semikolons, von oben nach unten durch Gedankenstriche getrennt.
Vorsatzblatt und Einband: Gemälde von Frank Wootton. 6, 7: Gemälde von Frank Wootton. 8, 9: Gemälde von R. G. Smith, mit frdl. Genehmigung McDonnell Douglas Corp. 10, 11: Gemälde von R. G. Smith, mit frdl. Genehmigung U.S. Navy. 12, 13: Gemälde von R. G. Smith, mit frdl. Genehmigung McDonnell Douglas Corp. 14, 15: Gemälde von William S. Phillips, mit frdl. Genehmigung Virginia Bader Fine Arts; Gemälde von Frank Wootton. 16, 17: Gemälde von R. G. Smith, mit frdl. Genehmigung McDonnell Douglas Corp. 18, 19: U.S. Air Force. 21: Mit frdl. Genehmigung Heinz J. Nowarra, Babenhausen. 23: ADN-Zentralbild, Berlin (Ost). 24: Messerschmitt-Bölkow-Blohm, München. 26: Archiv Werner Held, Ransbach-Baumbach, 29: Archiv Werner Held, Ransbach-Baumbach – Deutsches Museum, München. 30: Mit frdl. Genehmigung Heinz J. Nowarra, Babenhausen – Messerschmitt-Bölkow-Blohm. 31: General a. D. Adolf Galland, Bonn – mit frdl. Genehmigung Heinz J. Nowarra, Babenhausen. 32: U.S. Air Force – mit frdl. Genehmigung Günther F. Heise, München – Bundesarchiv, Koblenz. 34: Bundesarchiv, Koblenz. 35: Archiv Werner Held, Ransbach-Baumbach. 36: Mit frdl. Genehmigung Heinz J. Nowarra, Babenhausen. 37: Deutsches Museum, München. 38: Gemälde von Frank Wootton. 41: Deutsches Museum, München. 42–44: U.S. Air Force. 47: National Archives (Neg.-Nr. 80-G-432622). 49: U.S. Air Force. 51: Karte von Bill Hezlep. 52, 53: U.S. Air Force. 57–60: Zeichnungen von John Amendola Studio. 63–71: U.S. Air Force. 72, 73: U.S. Air Force aus Squadron Signal Publications. 74–77: U.S. Air Force. 78: A.Y. Owen. 79: Karte von Bill Hezlep. 80, 81: Margaret Bourke-White für *Life*. 84, 85: Ralph Crane für *Life*. 88, 89: Michael Rougier für *Life*. 90: Rockwell International Corp. – *Air Force Magazine*. 94: Robert Kelley für *Life*. 96–101: Zeichnungen von John Amendola Studio. 102: Larry Burrows. 105: Larry Burrows für *Life*. 107: Karte von Walter Roberts. 108, 109: Larry Burrows für *Life*. 111, 113: U.S. Air Force. 114, 115: Larry Burrows für *Life*. – U.S. Air Force (3). 116: © Marc Riboud, Paris. 119–122: Larry Burrows für *Life*. 126, 127: Nancy Moran. 128, 129: Nancy Moran; Wide World – Nancy Moran. 130, 131: U.S. Navy; Wide World – UPI. 132, 133: UPI. 134: Micha Bar-Am für Magnum. 136: © Cornell Capa von Magnum. 137: Paul Schutzer für *Life*. 138, 139: Keystone Press. 141: Boeing Company. 142, 143: Zeichnungen von Rob Wood, Stansbury, Ronsaville, Wood Inc. 146, 148: George Hall. 149: Zeichnung von Frederic Bigio von B-C Graphics. 152, 153: McDonnell Douglas Corp. 156: Rupert Nichol, Fleet Air Arm Museum, Yeovilton, England. 157: Zeichnungen von Rob Wood, Stansbury, Ronsaville, Wood Inc. – Rolls-Royce Ltd., Bristol. 160, 161: McDonnell Douglas Corp. 164–171: Zeichnungen von John Amendola Studio.

Register

Kursiv gedruckte Seitenzahlen verweisen auf eine Abbildung zu dem betreffenden Stichwort.

D

E

F

G

H

I

J

K

L

M

N

O

P

R

S

Reprosatz: Alfred Utesch GmbH, Hamburg
Druckund Einband: Artes Gráficas Toledo, Spanien
D. L. TO: 31-1984